Katty Carolina Castillo Reinado

Einfluss von Umwelt- und Sozialen Faktoren auf Denguefieber in Ecuador

Katty Carolina Castillo Reinado

Einfluss von Umwelt- und Sozialen Faktoren auf Denguefieber in Ecuador

Denguefieber und die Umwelt

Südwestdeutscher Verlag für Hochschulschriften

Impressum/Imprint (nur für Deutschland/only for Germany)
Bibliografische Information der Deutschen Nationalbibliothek: Die Deutsche Nationalbibliothek verzeichnet diese Publikation in der Deutschen Nationalbibliografie; detaillierte bibliografische Daten sind im Internet über http://dnb.d-nb.de abrufbar.
Alle in diesem Buch genannten Marken und Produktnamen unterliegen warenzeichen-, marken- oder patentrechtlichem Schutz bzw. sind Warenzeichen oder eingetragene Warenzeichen der jeweiligen Inhaber. Die Wiedergabe von Marken, Produktnamen, Gebrauchsnamen, Handelsnamen, Warenbezeichnungen u.s.w. in diesem Werk berechtigt auch ohne besondere Kennzeichnung nicht zu der Annahme, dass solche Namen im Sinne der Warenzeichen- und Markenschutzgesetzgebung als frei zu betrachten wären und daher von jedermann benutzt werden dürften.

Coverbild: www.ingimage.com

Verlag: Südwestdeutscher Verlag für Hochschulschriften GmbH & Co. KG
Heinrich-Böcking-Str. 6-8, 66121 Saarbrücken, Deutschland
Telefon +49 681 37 20 271-1, Telefax +49 681 37 20 271-0
Email: info@svh-verlag.de

Zugl.: Düsseldorf, HHUD, Diss., 2011

Herstellung in Deutschland (siehe letzte Seite)
ISBN: 978-3-8381-3396-6

Imprint (only for USA, GB)
Bibliographic information published by the Deutsche Nationalbibliothek: The Deutsche Nationalbibliothek lists this publication in the Deutsche Nationalbibliografie; detailed bibliographic data are available in the Internet at http://dnb.d-nb.de.
Any brand names and product names mentioned in this book are subject to trademark, brand or patent protection and are trademarks or registered trademarks of their respective holders. The use of brand names, product names, common names, trade names, product descriptions etc. even without a particular marking in this works is in no way to be construed to mean that such names may be regarded as unrestricted in respect of trademark and brand protection legislation and could thus be used by anyone.

Cover image: www.ingimage.com

Publisher: Südwestdeutscher Verlag für Hochschulschriften GmbH & Co. KG
Heinrich-Böcking-Str. 6-8, 66121 Saarbrücken, Germany
Phone +49 681 37 20 271-1, Fax +49 681 37 20 271-0
Email: info@svh-verlag.de

Printed in the U.S.A.
Printed in the U.K. by (see last page)
ISBN: 978-3-8381-3396-6

Copyright © 2012 by the author and Südwestdeutscher Verlag für Hochschulschriften GmbH & Co. KG and licensors
All rights reserved. Saarbrücken 2012

Abstract

Dengue fever is an infectious disease transmitted to humans by the female of the mosquito *Aedes*. The aim of the present work is to establish the relationships between the outbreak and spread of dengue fever in Guayaquil (Ecuador) with climatic, environmental related and socio-economic factors by means of time-series and spatial statistics analysis. Epidemiological methods and the frequency of classical and hemorrhagic dengue cases were used first to assess these relationships. The Box-Jenkins time-series models were utilized in particular to characterize the correlation between climatic variables and the occurrence of classic dengue. Subsequently, spatial statistics techniques were applied to study the distribution of classic and hemorrhagic dengue incidence und its relationships to socio-economic and other environmental factors. Hotspots were characterized and related to environmental factors such as occurrence of vegetation, wetlands and water channels. The analysis allowed to identify risk groups, time periods and regions at risk. The following results and conclusions can be drawn:

- School-aged children (5-9 years old) are particularly affected by the disease and therefore form a group at high risk. Hence, there is a necessity to eliminate breeding places of the mosquito in areas around schools in order to limit the spread of the disease. This is particularly important at the beginning of a school year during the rainy season.

- Particular action to control the disease should primarily be undertaken five weeks after the beginning of the rainfall period (corresponding to the risk period) and maintained during the whole season. Due to the fact that light rain showers and persistent drizzle cause more infection cases than short and heavy rainfall, the focus should be on these periods. Likewise, controlling water tanks and puddles is essential. These actions can contribute to confine the development and propagation of the mosquitoes.

- Risk areas coincide with the poorest quarters of the city. Therefore, improvements of the infrastructure (measures of redevelopment, in particular with respect to water supply and waste disposal) can additionally contribute to minimize the spread of the disease. A reduction of dengue cases has been observed between 2008 and 2009 in northwestern districts, where redevelopment measures had been undertaken.

Temporal changes in the incidence concentrations of dengue fever across the city suggest that environment settings play a very important role in the transmission of the infection. Methods to analyze the spatial changes of the occurrence of dengue and other infectious diseases should be subsequently applied to improve the identification of risk areas.

Kurzfassung

Das *Denguefieber* ist eine Infektionskrankheit, die durch den Stich eines infizierten Weibchens der Stechmückengattung *Aedes* auf den Menschen übertragen wird. Die vorliegende Arbeit setzt sich zum Ziel, mit Hilfe von Zeit- und Raumanalysen die Zusammenhänge zwischen dem Ausbruch und der Verbreitung des Denguefiebers und klimatischen sowie sozioökonomischen und weiteren umweltbezogenen Faktoren in Guayaquil, Ecuador, zu untersuchen.

Um den Zusammenhang zwischen den verschiedenen Faktoren und dem Vorkommen von Denguefieber zu bearbeiten, wurde die Erkrankungshäufigkeit von klassischem und hämorrhagischem Denguefieber im Untersuchungsgebiet mittels epidemiologischer Methoden analysiert und berechnet. Anschließend wurde mittels Zeitreihenanalyse durch den Box-Jenkins Ansatz der Zusammenhang zwischen klimatischen Variablen und dem Vorkommen von klassischem Denguefieber untersucht. Nachfolgend wurde anhand von Raumanalysen die Verbreitung von klassischem und hämorrhagischem Denguefieber und deren Zusammenhang mit sozioökonomischen und weiteren umweltbezogenen Faktoren betrachtet. Hierfür wurde die Bildung von Häufungen (*Hotspots*) charakterisiert und Zusammenhänge mit umweltbezogenen Faktoren (wie zum Beispiel Vegetation, Feuchtgebiete, Kanäle) aufgedeckt.

Anhand der durchgeführten Analysen konnten Risikogruppen, Risikoperioden, Risikogebiete und Risikofaktoren ermittelt werden, mit den folgenden Ergebnissen und Schlussfolgerungen:

- Besonders betroffen sind Kinder im Grundschulalter (Altersgruppe fünf bis neun Jahre), welche als höchst gefährdete Risikogruppe bezeichnet werden kann. Da die Schulzeit in der Regenzeit beginnt, sollte im schulischen und häuslichen Umfeld ein gezieltes Augenmerk auf die Beseitigung von Brutstätten gelegt werden, um Denguefieber-Ansteckungen und deren Verbreitung zu vermeiden.

- Die Bekämpfungsmaßnahmen sollten innerhalb von fünf Wochen (entspricht Risikoperiode) nach Beginn der Niederschläge einsetzen und während der Regenzeit kontinuierlich beibehalten werden. Da im Falle häufiger kleinerer Regenfälle oder anhaltendem Nieselregen entsprechend der vorgelegten Untersuchungsergebnisse mit mehr Denguefieberfällen zu rechnen ist als nach kurzen Starkniederschlägen, sollten besondere Schwerpunkte der Bekämpfungsmaßnahmen in diesen Zeiten gesetzt werden. Dabei sollten natürliche Wasserlachen und künstliche Wasserbehälter besondere Beachtung finden. Damit könnten die Entwicklungsmöglichkeiten der Übertragermücke eingedämmt werden.

- Die Risikogebiete fallen mit den Armenvierteln der Stadt zusammen. Dies lässt vermuten, dass sich die Erkrankungsgefahr der Bevölkerung durch Verbesserungen der Infrastruktur (Sanierungsmaßnahmen, insbesondere Wasserleitung) verringern ließe. Eine entsprechende Verminderung wurde zwischen 2008 und 2009 in nordwestlichen Stadtteilen beobachtet, wo Sanierungsmaßnahmen stattfanden und die Denguefieber-Inzidenz verringert war.

Veränderungen mit hohen und niedrigen Konzentrationen von Denguefieber im Stadtgebiet deuten an, dass das räumliche Umfeld eine wichtige Rolle bei der Übertragung von Denguefieber spielt. Raumbezogene Untersuchungsverfahren können daher für die Überwachung von Denguefieber sowie andere Infektionskrankheiten angewendet werden, um Risikogebiete zu bestimmen.

Vorwort

Ich möchte hier die Gelegenheit ergreifen, all denen, die mir bei der Erstellung der Doktorarbeit geholfen und mich immer wieder unterstützt haben, ganz herzlich zu danken.

Meiner Familie insbesondere meiner Schwester Chava und meinem Mann Javier möchte ich danken, ohne deren Beistand das Entstehen dieser Arbeit nicht möglich gewesen wäre.

Herrn Prof. Dr. Jordan danke ich ganz besonders für die Betreuung, die zahlreichen inhaltlichen Anregungen und Ermutigungen und seine konstruktive Kritik insbesondere beim Überarbeiten des Textes, was alles für den Abschluss dieser Arbeit unerlässlich war.

Herrn Prof. Dr. Giani und den Mitarbeitern des DDZ möchte ich für die wertvolle fachliche Hilfe sowie technische und moralische Unterstützung, danken. Insbesondere möchte ich mich bei Herrn Prof. Dr. Finner bedanken, der mir bei Problemen der Statistik weitergeholfen hat. Frau Körbl danke ich ausdrücklich für das freundschaftliche Verständnis und die große Mühe beim Gegenlesen dieser Arbeit, gerade in einer für sie sehr fordernden Zeit. Desweiteren gilt mein Dank Frau Dr. Stahl für ihre spontane Hilfe beim Korrekturlesen der Arbeit.

Den ehemaligen Kommilitonen der Arbeitsgruppe des Geographischen Instituts der HHUD danke ich für das angenehme und freundliche Miteinander. Ganz besonders möchte ich mich bei Herrn Dr. Braitmeier bedanken, da er mir bei sprachlichen Korrekturen immer zur Seite stand. Eine große Unterstützung für die verschiedensten Probleme war Frau Rennwanz. Sie war stets zur Stelle, wenn verwaltungstechnische Hürden genommen werden mussten. Ihr gebührt ganz besonderer Dank. Hier schließt sich auch der Dank für jene an, die im Laufe dieser Arbeit mitgewirkt haben. Mein Dank gilt ferner dem ALBAN-Stipendiumprogramm, das durch finanzielle Förderung die vorliegenden Untersuchungen ermöglichte.

Weiter möchte ich Herrn Cañizares von "Subsecretaria Regional Costa-Insular de Salud" und den Mitarbeitern von INOCAR und INAMHI aus Ecuador für die Bereitstellung der verwendeten Erhebungs-Datensätze und ihre Hilfsbereitschaft danken.

Ebenso gilt mein Dank allen Personen und Institutionen, die mir bei der Datenbeschaffung behilflich waren.

Inhaltsverzeichnis

Abstract	i
Kurzfassung	iii
Vorwort	v
Inhaltsverzeichnis	vii
Abbildungsverzeichnis	xi
Tabellenverzeichnis	xiii
Verwendete Softwarepakete	xv
Abkürzungsverzeichnis	xvi
Glossar	xviii

1 Einführung   **1**
    1.1 Einleitung und genereller Literaturüberblick 1
    1.2 Motivation 4
    1.3 Zielsetzung 5

2 Allgemeine Grundlagen des Denguefiebers   **6**
    2.1 Denguefieber (Virus und Krankheit) 6
    2.2 Virusüberträgermücken 7
    2.3 Krankheitsübertragung 8
    2.4 Ökologie der *A. aegypti* 9
    2.5 Verbreitung der *A. aegypti* 11

3	**Material und Methoden**		**16**
	3.1 Untersuchungsgebiet		16
		3.1.1 Geographische Lage des Untersuchungsgebietes	16
		3.1.2 Klimatische Einordnung	18
	3.2 Datenquellen		19
		3.2.1 Raumbezogene Daten	19
		3.2.2 Klimatische Daten	22
		3.2.3 Epidemiologische Material und Zensusdaten	26
	3.3 Untersuchungsmethoden		30
4	**Epidemiologische Analyse**		**32**
	4.1 Messung der Krankheitshäufigkeit		33
		4.1.1 Prävalenz	33
		4.1.2 Inzidenz	34
		4.1.3 Risikopopulation	34
	4.2 Vergleich von Erkrankungshäufigkeiten		35
		4.2.1 Standardisierung	35
		4.2.2 Kontingenztafeln	37
	4.3 Statistische Auswertung und Ergebnisse		38
		4.3.1 Inzidenz	40
		4.3.2 Standardisierte Inzidenzratio	47
		4.3.3 Kontingenztafeln	50
5	**Zeitreihenanalyse**		**52**
	5.1 Grundkonzepte der Zeitreihenanalyse		52
		5.1.1 Komponenten einer Zeitreihe	53
		5.1.2 Stationarität	54
		5.1.3 Differenzenbildung	55
		5.1.4 Gleitender Durchschnitt	56
		5.1.5 Statistische Kenngrößen	56
		5.1.6 Autokorrelationsfunktionen (ACF und PACF)	58
		5.1.7 White-Noise Prozess	61
	5.2 Box-Jenkins-Ansatz		62
		5.2.1 Autoregressive Prozesse	64
		5.2.2 Moving-Average Prozesse	64

		5.2.3	Autoregressive Moving-Average Prozesse	65
		5.2.4	Multivariate Autoregressive Moving-Average Prozesse	66
		5.2.5	Autoregressive Integrierte Moving-Average-Prozesse	67
		5.2.6	Saisonale ARIMA-Prozesse	68
		5.2.7	Schätzung der Modellkoeffizienten	68
		5.2.8	Prüfung der Modellanpassung	69
		5.2.9	Prognose	69
	5.3	Literaturübersicht zur Zeitreihenanalyse		71
	5.4	Methodisches Vorgehen		72
	5.5	Statistische Auswertung und Ergebnisse		74
		5.5.1	Autoregressives Modell	75
		5.5.2	Kreuzkorrelationsmodelle	82
		5.5.3	Multiple Kreuzkorrelationsmodelle	91
	5.6	Diskussion		93

6 Raumanalyse 99

	6.1	Grundkonzepte der Raumanalyse		100
		6.1.1	Raumbezogene Daten	100
		6.1.2	Statistische Maßzahlen	101
		6.1.3	Isotropie und Stationaritätsannahme	102
	6.2	Methoden		102
		6.2.1	Erkrankungsrisiko	103
		6.2.2	Erstellung und Funktionsweise der Ähnlichkeitsmatrix	105
		6.2.3	Autokorrelationsanalyse	107
		6.2.4	Häufungsanalyse	109
		6.2.5	Zufallspermutationstest	110
		6.2.6	Regressionsanalyse	110
	6.3	Literaturübersicht zur Raumanalyse		113
	6.4	Material und methodisches Vorgehen		114
		6.4.1	Klassifizierung der Landsat-Bilddaten	115
		6.4.2	Risikocharakterisierung	121
		6.4.3	Autokorrelationsanalyse	121
		6.4.4	Häufungsanalyse	122
		6.4.5	Regressionsanalyse	122

	6.5	Statistische Auswertung und Ergebnisse	126
		6.5.1 Risikocharakterisierung	129
		6.5.2 Räumliche Autokorrelation	131
		6.5.3 Lokale Häufungsanalyse	131
		6.5.4 Regressionsmodelle	133
	6.6	Diskussion	137

7 Fazit   **141**

8 Zusammenfassung und Ausblick   **143**

Literaturverzeichnis   **146**

Abbildungsverzeichnis

2.1	Überträger des Denguevirus.	8
2.2	Prozess der Übertragung des Denguevirus und ihr zeitlicher Ablauf.	9
2.3	Verbreitungsgebiete von *A. aegypti* weltweit.	11
2.4	Inzidenz des Denguefiebers in Südamerika.	13
3.1	Lage des Untersuchungsgebietes.	17
3.2	Straßen des Untersuchungsgebietes	20
3.3	Volkszählungsbezirke des Untersuchungsgebietes	21
3.4	Klimastation INOCAR	22
3.5	Klimastation Aeropuerto	23
3.6	Klimastationen INAMHI.	24
3.7	Räumliche Verteilung der gemeldeten Denguefieberfälle	27
3.8	Bevölkerungspyramide und Denguefieberfälle	28
3.9	Gemeldeten klassische Denguefieberfälle	28
3.10	Datenbankmodell.	29
3.11	Graphische Darstellung der angewandten Arbeitsschritte.	30
3.12	Denguefieber Einflussfaktoren.	31
4.1	Stratifizierte Altersverteilung nach Geschlecht und pro Jahr.	39
4.2	Verlauf der Inzidenz des Denguefiebers.	41
4.3	Verlauf der gemeldeten Denguefieberfälle.	42
4.4	Entwicklung der Fallzahl von DF.	43
4.5	Entwicklung der Fallzahl von DHF.	44
4.6	Altersspezifische Inzidenz des Denguefiebers.	45
4.7	Inzidenz des hämorrhagischen Denguefiebers.	47
5.1	Beispiel: Autokorrelationsfunktion *ACF*.	59
5.2	Beispiel: Autokorrelationsfunktionen (ACF und PACF)	60

5.3	Box-Jenkins-Ansatz.	63
5.4	Mögliche ARIMA-Modelle nach Box-Jenkins-Ansatz.	63
5.5	Verhalten der Denguefieberfälle.	76
5.6	Autokorrelationsfunktion der geglätteten Zeitreihe Denguefieberfälle.	77
5.7	Empirische ACF und PACF.	79
5.8	Prognose für das Verhalten der Denguefieberfälle.	81
5.9	Verhalten der geglätteten Zeitreihen DF und Niederschlag.	83
5.10	Verhalten des klassischen und hämorrhagischen Denguefiebers	87
5.11	Registrierte Denguefieberfälle und Niederschlagsmenge zwischen Januar- und Dezember-2006.	95
5.12	Jährlicher Verlauf der Denguefieberfälle, Tiefsttemperatur und Höchsttemperatur.	96
6.1	Räumliche Anordnung der beobachteten Ereignisse.	106
6.2	Morans I Streudiagramm	108
6.3	Landsat-Szene zur Vegetationsklassifizierung	116
6.4	Ergebnisse der Bildfusionierung zwischen den Bilder vom 29-05-2005 und vom 02-09-2005.	117
6.5	Ergebnisse der panchromatischen Schärfung.	118
6.6	Ergebnisse der Tasseled-Cap-Transformation.	119
6.7	Ergebnisse der Bildklassifizierung	120
6.8	Räumliche Verteilung gemeldeter Denguefieberfälle	127
6.9	Räumliche Verteilung der Prädiktoren.	128
6.10	Standardisierte Inzidenzratio und Probability-Map.	130
6.11	Ergebnisse des Lisa-Koeffizienten.	132
6.12	Aufnahmen der Verbesserung der Infrastrukturen in der Stadt.	139

Tabellenverzeichnis

2.1	Auftreten der verschiedenen Serotypen in südamerikanischen Ländern. .	12
2.2	Gemeldete Epidemien von Denguefieber in Ecuador	13
3.1	Mittlere monatliche Niederschläge der Klimastationen des Untersuchungsgebiets.	25
4.1	Maßzahlen zur Standardisierung der Inzidenzrate.	35
4.2	Direkte Standardisierung	36
4.3	Indirekte Standardisierung.	37
4.4	Kontingenztafel.	38
4.5	Inzidenz des Denguefiebers nach Geschlecht.	40
4.6	Inzidenz des Denguefiebers nach Altersstruktur.	45
4.7	Inzidenz des DHFs nach Geschlecht und Altersstruktur.	46
4.8	Standardisierte Inzidenzratio des klassischen Denguefiebers.	48
4.9	Standardisierte Inzidenzratio des hämorrhagischen Denguefiebers. . . .	49
4.10	Kontingenztafel für Kinder unter 5 Jahre.	50
4.11	Ergebnisse Kontingenztafeln.	50
5.1	Standardabweichungen der Zeitreihe Denguefieber.	56
5.2	Der White-Noise Test	62
5.3	Autokorrelationsprüfung auf WN der Zeitreihe DF.	76
5.4	Empirische Standardabweichungen der differenzierten DF-Zeitreihe. . .	77
5.5	Autoregressives Modell der Denguefieber-Zeitreihe.	78
5.6	Korrelationen der geschätzten Parameter.	80
5.7	Bewertung der Modellanpassungsgüte der berechneten ARIMA-Modelle.	80
5.8	Autokorrelation der Residuen der Denguefieberfälle.	81
5.9	Autokorrelation der Residuen der Niederschlagszeitreihe.	85
5.10	Korrelationen der Parameterschätzer für das Kreuzkorrelationsmodell zwischen DF und Niederschlag	85

5.11 Kreuzkorrelationsprüfung der Residuen des geschätzten Modells zwischen DF und Niederschlag. 86

5.12 Autokorrelationsprüfung auf WN der Zeitreihe DHF 88

5.13 Autoregressives Modell der Zeitreihe DHF. 88

5.14 Korrelationen der Parameterschätzer für das autoregressive Modell der Zeitreihe DHF. 88

5.15 Autokorrelationsprüfung der Residuen des autoregressiven Modells der Zeitreihe DHF 89

5.16 Kreuzkorrelationsmodell zwischen den Zeitreihen DF und DHF 90

5.17 Korrelationen der Parameterschätzer für das Kreuzkorrelationsmodell zwischen DF und DHF 91

5.18 Kreuzkorrelationsprüfung der Residuen mit Eingabe von DHF 91

5.19 Komponenten des vollen multiplen Korrelationsmodells 92

5.20 Komponenten des reduzierten multiplen Korrelationsmodells. 92

5.21 Kollinearität der geschätzten Komponenten 93

5.22 Anpassungsgütekriterien der berechneten Modelle. 93

5.23 Entwicklung der Überträgermücke und Inkubationszeit des Virus. . . . 97

5.24 Zusammenfassung der Kreuzkorrelationsmodellen. 97

6.1 Beispiel relatives Risiko 104

6.2 Nachbarschaftsmatrix (C-Matrix) 107

6.3 Ähnlichkeitsmatrix (W-Matrix) 107

6.4 Interpretation räumlicher Muster basierend auf I. 110

6.5 Beschreibung der umweltbezogenen Variablen. 123

6.6 Beschreibung der sozio-ökonomischen Variablen. 124

6.7 Statistische Zusammenfassung der gemeldeten Denguefieberfälle 126

6.8 Ergebnisse für die standardisierte Inzidenzratio. 129

6.9 Ergebnisse der Morans I-Koeffizient. 131

6.10 Anpassungsgüte der Poisson-Regression 133

6.11 Anpassungsgüte des vollen Modells. 134

6.12 Anpassungsgüte des reduzierten Modells. 134

6.13 Maximum-Likelihood-Parameterschätzer des reduzierten Modells . . . 135

6.14 Anpassungsgüte des Null-Modells 135

6.15 Volles linear Regressionsmodell 136

6.16 Schätzwert des Spatial-LAG-Modells 137

Verwendete Softwarepakete

ArcGIS 9.3 (ESRI Corporation, USA)
ERDAS Imagine 9.3 (Earth Resource Data Analysis System, ERDAS Inc, USA)
LPS 9.3 (Leica Photogrammetry Suite, ERDAS Inc., USA)
GeoDa 0.9.9.11 (GeoDa Center for Geospatial Analysis ans Computation, USA)
SAS 9.2 (SAS Institute Inc, USA)
GENMOD for SAS 9.2 (SAS Institute Inc, USA)
KIWI 0.5 (Dr. Michael Braitmeier, Germany)

Abkürzungsverzeichnis

ACF	*Autocorrelation Function* (Autokorrelationsfunktion)
AIC	*Akaike's Information Criterion* (Akaike Informationskriterium)
AR	Autoregressiver Prozess
AR(I)MA	Autoregressiver (Integrierter)-Moving-Average Prozess
BIC	*Bayesian Information Criterion* (Bayessches Informationskriterium)
CCF	*Cross-Correlation Function* (Kreuzkorrelationsfunktion)
CIF	*Comparative incidence figure*
CLIRSEN	Centro de Levantamientos Integrados de Recursos Naturales por Sensores Remotos
CLS	*Conditional Least Squares*
DENV	Denguevirus (Serotypen: DEN−1, DEN−2, DEN−3 und DEN−4)
DF	Klassisches Denguefieber
DHF	Hämorrhagisches Denguefieber
DSS	Dengue-Schock-Syndrom
GENMOD	Generalisierte Lineare Modell
GIS	*Geographic Information System* (Geoinformationssysteme)
GLS	*Generalised Linear Model*
GPS	*Global Positioning System* (Globales Positionsbestimmungssystem)
HIV	Humane Immundefizienz-Virus
INAMHI	Instituto Nacional de Meterología e Hidrología
INEC	Instituto nacional de estadísticas y censos
INOCAR	Instituto Oceanografíco de la Armada
ITCZ	*Intertropical Convergence Zone* (Innertropische Konvergenzzone)
LAG	Verzögerung. *Spatial Lag*
LISA	*Local Indicators of Spatial Association*
LM	Multipler Lagrange-Test
LR	Likelihood-Ratio-Tests
MA	Moving-Average Prozess
ML	Maximum-Likelihood-Methode
MSE	*Mean Squared Error* (Mittlerer quadratischer Fehler)
OLS	*Ordinary Least Squares*
PACF	*Partial Autocorrelation Function* (Partielle Autokorrelationsfunktion)
RR	*Relative risk* (Relatives Risiko)
SARIMA	Saisonaler ARIMA Prozess
SIR	*Standardized incidence rate* (Standardisierte Inzidenzrate)
SO	*Southern oscillation*

SRCI	Subsecretaria regional costa-insular de salud del Ecuador
TC	Tasseled-Cap transformation
ULS	*Unconditional Least Squares*
WN	*White-Noise* (Weißes Rauschen) Prozess

Glossar

Devianz

Die Devianz ist ein Informationskriterium, welches als Maß für die Güte der Anpassung eines Modells an die Daten dient.

Endemische Krankheit

Als *endemisch* bezeichnet man Krankheiten, die in einer bestimmten geographischen Region oder einer bestimmten Bevölkerungsgruppe nach einem relativ stabilen Muster mit einer vergleichsweise hohen Prävalenz und Inzidenz auftreten (siehe Definition 4.3).

Epidemie

Von Epidemien spricht man, wenn übermäßig viele Krankheitsfälle auftreten, die das Normalmaß in einer Bevölkerungsgruppe oder Region übersteigen (siehe Definition 4.2).

IKONOS

IKONOS ist ein kommerzieller Erdbeobachtungssatellit.

Inzidenz

Als Inzidenz einer Krankheit bezeichnet man die Anzahl der neu an der betrachteten Krankheit erkrankten Personen, die in einem bestimmten Zeitraum in einer definierten Population auftreten (siehe Abschnitt 4.1.2).

Morbidität

Unter Morbidität versteht man die Krankheitshäufigkeit bezogen auf eine bestimmte Bevölkerungsgruppe.

Prävalenz

Die Prävalenz gibt die Wahrscheinlichkeit an, dass eine zufällig ausgewählte Person an einem definierten Stichtag an der betrachteten Krankheit erkrankt ist (siehe Abschnitt 4.1.1).

SPOT

Satellite Pour l'Observation de la Terre.

Standardisierte Inzidenzratio

Die Standardisierung ist ein rechentechnisches Instrument, das auf mathematischem Wege die Vergleichbarkeit von Gruppen gewährleistet (siehe Abschnitt 4.2.1).

Übertragbare Krankheiten

Als *übertragbar* bezeichnet man Krankheiten, die durch Übertragung eines spezifischen Krankheitserregers auf einen anfälligen Wirt hervorgerufen werden (siehe Definition 4.1).

Kapitel 1

Einführung

1.1 Einleitung und genereller Literaturüberblick

Die vorliegende Arbeit setzt sich zum Ziel, mithilfe von Zeit- und Raumanalysen die Zusammenhänge zwischen dem Ausbruch und der Verbreitung des Denguefiebers und klimatischen sowie sozioökonomischen und weiteren umweltbezogenen Faktoren in Ecuador zu untersuchen.

Das Denguefieber ist eine Infektionskrankheit, die durch den Stich eines infizierten Weibchens der Stechmückengattung *Aedes* auf den Menschen übertragen wird (CARBAJO ET AL. (2001)). Das krankheitsverursachende Virus ist das Denguefiebervirus (DENV), bei dem sich vier DEN-Serotypen (DEN−1 bis DEN−4) unterscheiden lassen. Die Erkrankung wird nach Schweregraden eingeteilt: Grad I: Denguefieber; Grad II: Dengue-hämorrhagisches Fieber; Grad III: Dengue-hämorrhagisches Fieber mit Hypotension; Grad IV: Dengue-Schocksyndrom (SIEGENTHALER ET AL. (1987, S.818)).

Diese virale Krankheit ist in Bezug auf Morbidität und Mortalität weltweit die wichtigste Infektionskrankheit, die von Arthropoden übertragen wird (KUNO (1995)), und circa 50 Millionen Menschen pro Jahr infiziert (TROYO ET AL. (2008)). Bis heute gibt es weder eine Impfung noch spezifische Behandlungsmaßnahmen (SILAWAN ET AL. (2008), SIEGENTHALER ET AL. (1987, S. 819)), so dass der Bekämpfung der Überträgermücken eine zentrale Rolle zukommt.

Zudem ist die Identifikation von Risikomustern und -perioden sowie deren Verhalten notwendig, um Strategien zur Prävention und eine wirksame Kontrolle von Epidemien festzulegen. Zur Lösung dieser Aufgabe verbinden sich drei akademische Disziplinen: Geographie, Epidemiologie und Statistik (SHEWHART & WILKS (2004, S.3)). Von

Seiten der Geographie werden Faktoren analysiert, die die ungleichmäßige Verteilung einer Krankheit beeinflussen. Dies sind unter anderem physisch-geographische umweltbedingte, sozioökonomische und soziokulturelle Faktoren (MOORE & CARPENTER (1999)). Die Analyse der geographischen Verteilung dieser Faktoren und ihre Verbindung mit der Ausbreitung der Krankheit ermöglichen die

- Identifizierung des Zusammenhanges zwischen Vorkommen und Ausbreitung,

- Schätzung des relativen realen Risikos der zu untersuchenden Krankheit im Untersuchungsbereich,

- Bestimmung des potentiellen Risikos der Krankheit,

- gezielte Bekämpfung der Krankheit.

FULLER ET AL. (2009) ziehen in Betracht, dass die Übertragung des Denguefiebers stark von Umweltfaktoren, menschlichem Verhalten und demographischen Veränderungen abhängig ist.

Die Zusammenhänge zwischen Klima, Umwelt, Überträgermücke und Denguefieber wurden in der Literatur mehrfach behandelt. Unter anderem bei FOCKS ET AL. (1993), die die Dynamik und den Lebenszyklus des *A. aegypti* analysieren. FAVIER ET AL. (2006) untersuchen die unterschiedlichen Effekte des Klimas auf *A. aegypti* in Brasilia, Brasilien. CLARK & RUBIO-PALIS (2008) erforschen die Biologie der *Aedes*-Mücke in Lateinamerika. TROYO ET AL. (2008) analysieren das saisonale Verhalten vom *A. aegypti* in Punta Arenas, Costa Rica.

Einen anderen Ansatz verfolgen Autoren wie GUBLER & CLARK (1995) und KYLE & HARRIS (2008), welche sich mit der Untersuchung der Verbreitung von klassischem und hämorrhagischem Denguefieber befassen. KOOPMAN ET AL. (1991), MONATH (1994), HALSTEAD (2002) und GUZMAN & KOURI (2003) analysieren die beiden Formen von Denguefieber (klassisch und hämorrhagisch) in Südamerika, wie auch in Industrie- und Schwellenländern.

Darüber hinaus analysieren GETIS ET AL. (2003) in Iquitos, Peru, die Charakteristiken der naturräumlichen Differenzierung, in denen *A. Aegypti* sich entwickeln. DEPRADINE & LOVELL (2004) untersuchen den Zusammenhang zwischen den klimatischen Variablen in Barbados im Zeitraum zwischen 1995 und 2000. NAKHAPAKORN & TRIPATHI (2005) wenden die Multiple Regressionsanalyse an, um den Einfluss naturgeographischer Faktoren unter Betonung klimatischer Faktoren beim Vorkommen des klassischen und des hämorrhagischen Denguefiebers in den Jahren 1997, 1998 und 2001 in Sukhothai im Norden Thailands zu untersuchen. Dabei verwenden sie Satellitenbilder, monatliche klimatische und epidemiologische Daten. HURTADO ET AL. (2007) untersuchen die Auswirkung der klimatischen Variabilität beim Vorkommen des Denguefiebers in Mexiko im Zeitraum zwischen 1995 und 2003. ROTELA ET AL. (2007) evaluieren die raum-zeitliche Dynamik der Verbreitung des Denguefiebers in Argentinien im Jahr 2004. DE FREITAS ET AL. (2008) untersuchen das Vorkommen, die Reproduktion und die Raumverteilung des Denguefiebers und des *A. Aegypti* in zwei Stadtteilen Rio de Janeiros, Brasilien. JURY (2008) untersucht den klimatischen Einfluss auf Denguefieber-Epidemien in Puerto Rico zwischen 1979 und 2005. LUZ ET AL. (2008) führen eine Zeitreihenanalyse zwischen dem Vorkommen des Denguefiebers und klimatischen Variablen in Rio de Janeiro, Brasilien in der Zeit zwischen 1997 und 2004 durch. WU ET AL. (2009) untersuchen den Einfluss von hohen Temperaturen und der Urbanisierung in den Raummustern der Übertragung des Denguefiebers im subtropischen Raum Taiwans.

Aus all diesen Untersuchungen ergibt sich resümierend, dass Denguefieberfälle als Zusammenwirken von soziodemographischen und umweltbezogenen Faktoren und der Ökologie der Übertragermücke aufgefasst werden können.

Denguefieber ist eines der großen Probleme des ecuadorianischen Gesundheitswesens. Allerdings verfügt Ecuador über keine Krisenpläne und betreibt kaum Forschung, um die vorhandenen Gesundheitsprobleme durch Denguefieber zu bewältigen.

Mit Rücksicht auf diesen Umstand und die Tatsache, dass die Dynamik des *A. aegyptis* je nach geographischer Region stark unterschiedlich ist (LUZ ET AL. (2008)) und der klimatische Einfluss beim Vorkommen des Denguefiebers eine große räumliche Abhängigkeit verursacht, wäre es sinnvoll die Wirkungsweise der Klimaereignisse auf *A. aegypti* und Denguefieber sowie die Zusammenhänge zwischen dieser Krankheit und anderen umweltbezogenen sowie sozioökonomischen Variablen in den verschieden Verbreitungsgebieten Ecuadors insgesamt zu untersuchen. Nur auf diese Weise kann man die Dynamik des Denguefiebers richtig verstehen, um Strategien zur Vorbeugung und Kontrolle der Übertragermücke zu verbessern (DE MATTOS ET AL. (2007)). Dies wiederum ermöglicht eine anschließende Optimierung der Ressourcen (wie zum Beispiel humane, instrumentelle und finanzielle Ressourcen) im Bereich des öffentlichen Gesundheitswesens zur Bekämpfung des Denguefiebers.

Da dieser Gesamtansatz den Rahmen dieser Arbeit sprengt, wird in der hier vorgelegten Untersuchung zumindest exemplarisch versucht, den Zusammenhang zwischen dem

Ausbruch von Denguefieberfällen und klimatischen und weiteren Umweltvariablen als Einflussfaktoren neben den soziökonomischen Verhältnissen im Raum Guayaquils in den Mittelpunkt zu stellen.

1.2 Motivation

Denguefieber ist die wichtigste Vektor-Krankheit in Ecuador. Der Hauptüberträger dieser Krankheit (*A. aegypti*) wurde im Jahr 1960 in Ecuador vermeintlich vernichtet. Allerdings trat das Denguefieber in den Achtzigerjahren erneut auf. Ecuador ist heute eines der südamerikanischen Länder mit sukzessivem Vorkommen von Denguefieber. Nach Angabe von AMUNARRIZ ET AL. (2009) ist das Gebiet der Costa-Region am stärksten betroffen.

Die große Zahl an Veröffentlichungen und Untersuchungen in anderen Tropenländern dokumentiert den Bedarf und das Interesse am Einfluss von Umweltfaktoren und soziodemographischen Gegebenheiten für den Ausbruch und die Verbreitung von Denguefieber. Der Grund dafür ist, dass sich die Krankheitsüberträger in den letzten Jahren auf bisher nicht betroffene Länder ausgebreitet haben, wo sie mehrere Epidemien auslösten, die befürchten lassen, dass auch in Ecuador regionale Expansionen zu erwarten sind.

Darüber hinaus ist die Inzidenzrate des Denguefiebers in Ecuador in den letzten 10 Jahren gestiegen. Dieser Umstand, sowie die Tatsache, dass es keinen Impfstoff gegen diese Krankheit gibt, sind zusätzliche wesentliche Gründe für diese Untersuchung.

In Ecuador sind diesbezügliche Forschungen bisher nicht durchgeführt worden, unter anderem deshalb, weil das nötige Datenmaterial bis 2005 nicht in ausreichendem Umfang vorlag. Mittlerweile gibt es insbesondere für Guayaquil, der größten Stadt und dem Wirtschaftszentrum Ecuadors, gute Erhebungen zum Denguefieber. Zudem ist dieser Raum durch starke Verbreitung des Denguefiebers gekennzeichnet, so dass die folgenden Ausführungen sich auf diese Stadt konzentrieren werden. Durch seine naturräumliche, ethnische und sozioökonomische Vielfalt ist dieses Gebiet überdies für das gesamte Küstentiefland besonders repräsentativ.

Für die vorliegende Arbeit stehen inzwischen neben mehrjährigen Reihen epidemiologischer und meteorologischer Daten auch Satellitenbilder und kartografisches Material des Untersuchungsgebietes zur Verfügung. Um den vorhergehenden Ausführungen Rechnung zu tragen, werden folgende Ziele angestrebt.

1.3 Zielsetzung

Die Hauptziele der vorliegenden Untersuchung sind:

- Untersuchung möglicher quantitativer Zusammenhänge zwischen Denguefieber Ereignissen und klimatischen Abläufen im Untersuchungsbereich (Guayaquil),
- Entwicklung eines prädiktiven Vorhersagemodells zur Identifizierung von potenziellen Risikoperioden des Auftretens der Krankheit.
- Identifizierung anfälliger Bevölkerungsanteile,
- Analyse und Identifizierung von Häufungen (*Cluster*) der Denguefälle im Untersuchungsbereich,
- Potenzielle Abhängigkeiten des Auftretens von Denguefieber zwischen Wohnverhältnissen bezüglich des natürlichen und sozialen Umfeldes.

Die Ergebnisse dieser Untersuchung sollen zu einem besseren Verständnis des Verlaufs von Denguefieberepidemien in Guayaquil beitragen. Aus den gewonnenen Erkenntnissen lassen sich zielgerichtete Strategien ableiten, die zu einer verbesserten Behandlungsstrategie zur Vermeidung von Epidemien anschließen können.

Zunächst werden im folgenden Kapitel 2 allgemeine Grundlagen des Denguefiebers erläutert.

Kapitel 2

Allgemeine Grundlagen des Denguefiebers

Das Denguevirus wird durch die Mücken *Aedes aegypti* und *Aedes albopictus* verbreitet. Das Virus wird von einer infizierten auf eine anfällige oder gesunde Person durch den Stich der weiblichen *Aedes* Mücke übertragen (KUNO (1995)). Es erzeugt in den Menschen die als Denguefieber bekannte Krankheit.

Denguefieber hat sich vor allem in tropischen und subtropischen Ländern ausgebreitet. Diese Gebiete sind unter anderem wegen der gleichzeitigen Zirkulation der verschiedenen DEN-Serotypen als hyperendemisch eingestuft worden (GUZMAN & KOURI (2003), GUBLER (2005)).

2.1 Denguefieber (Virus und Krankheit)

Das krankheitsverursachende Denguevirus (DENV) liegt in vier verschiedenen Serotypen vor, die als DEN−1, DEN−2, DEN−3 und DEN−4 bezeichnet werden (GUBLER & CLARK (1995)). Die DENV können zwei verschiedene Arten von Fieber in den infizierten Personen hervorrufen: das klassische (DF) sowie das hämorrhagische Denguefieber (DHF) (GUBLER (1998)).

Eine Infektion führt zu einer lebenslangen Immunität, die allerdings nur den jeweils akquirierten Serotyp umfasst. Das Risiko, an einer schweren Verlaufsform zu erkranken, ist insbesondere dann erhöht, wenn eine Sekundärinfektion mit einem anderen Serotyp innerhalb von 12 Wochen auftritt (DEROUICH ET AL. (2003)). Dies erhöht die Möglichkeit der Entwicklung einer schweren Form der Krankheit bei den infizierten Personen, welche als hämorrhagisches Denguefieber (DHF) bezeichnet wird (FOCKS & BARRERA (2007)).

Das DHF ist eines der häufigsten hämorrhagischen Fieber der Tropen. Es ist die geographisch am weitesten verbreitete Viruskrankheit, die von Arthropoden übertragen wird (HALSTEAD (2002), DE MATTOS ET AL. (2007)). Es kann sich mit hoher Wahrscheinlichkeit zu einem *Dengue-Schock-Syndrom* (DSS) entwickeln (WELLMER (1983)), welches nach GATRELL & ELLIOTT (2009, S.229) eine Mortalitätsrate von 5% hat und die ohne Behandlung bis auf 20% steigen kann (MONATH (1994)).

Nach GUBLER & CLARK (1995) kommen als Einflussfaktoren zur Entwicklung des DHF unter anderem der beteiligte Serotyp, das Alter und der Immunzustand der infizierten Person in Betracht. WELLMER (1983, S.3) meint allerdings, dass das DHF entweder die Folge von Virusmutationen oder einer Sekundärinfektion mit einem der anderen drei Serotypen des Virus ist. Autoren wie FOCKS ET AL. (1995) und DEROUICH ET AL. (2003) sind derselben Meinung.

Darüber hinaus nehmen KUNO (1995) und FARIETTA (2003) an, dass schon vorher vorhandene Krankheiten (zum Beispiel Asthma, Diabetes, HIV, usw.) die Entwicklung von DHF und DSS begünstigen.

WELLMER (1983, S.5) und GATRELL & ELLIOTT (2009, S.229) heben hervor, dass insbesondere Kinder zwischen dem zweiten und dreizehnten Lebensjahr an DHF erkranken. Dagegen sei DF eine Krankheit, welche eher bei jungen Erwachsenen und Erwachsenen vorkommt. Darüber hinaus merken KUNO (1995) und FARIETTA (2003, S.13-14) an, dass sowohl DHF als auch DSS häufiger bei Kindern, Frauen und Menschen mit heller Hautfarbe auftritt, da die afrikanische Ethnie widerstandsfähiger gegenüber hämorrhagischen Infektionen ist.

Im generellen werden die obengenannten Aussagen in Kapitel 4 und 6 mittels epidemiologischer und räumlicher Analysen unterstrichen.

2.2 Virusüberträgermücken

Die Denguefieber-Virusüberträger sind die Weibchen der Mücken *A. aegypti* und *A. albopictus* (siehe Abbildung 2.1). Sie lassen sich damit charakterisieren, dass sie hämatophage sind. Das heißt, dass sie sich vom menschlichen Blut ernähren, welches ihnen die wichtigsten Nährstoffe zum Überleben und für die Entwicklung der Eier liefert (KUNO (1995)).

A. albopictus stammt ursprünglich aus dem südöstlichen asiatischen Raum (FARIETTA (2003, S.13)) und lebt hauptsächlich im Wald. GUBLER & CLARK (1995), CARBAJO ET AL. (2001) und DEROUICH ET AL. (2003) stellen fest, dass diese Gattung Blut vom allen Säugetieren zu sich nimmt. Sie überlebt Temperaturen von bis zu 5°C unter

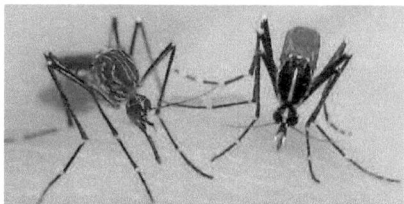

Abbildung 2.1: Überträger des Dengue-Virus *A. aegypti* (links) und *A. albopictus* (rechts).

null (FARIETTA (2003)). Darüber hinaus erwähnt WELLMER (1983, S.3), dass sie ihre Eier in natürliche Wasserquellen legen und ihre Lebenszyklen normalerweise nur außerhalb von Wohnräumen liegen. Über den Zeitrhythmus ihrer Aktivität ist bisher nichts bekannt.

A. aegypti dagegen vermeidet dichte Vegetation (WELLMER (1983)). Sie sticht hauptsächlich tagsüber (GUBLER & CLARK (1995), CARBAJO ET AL. (2001) und DEROUICH ET AL. (2003)) und lebt in städtischen Gebieten, nahe am Menschen. Diese liefern nicht nur die nötigen Wasserbehälter als ideale Voraussetzungen für die Entwicklung der Mücke, sondern auch die nötige Nahrung (Blut). Diese Gattung bevorzugt menschliches Blut anstatt des Blutes anderer Wirbeltiere (WELLMER (1983, S.15), COSTERO ET AL. (1998), FARIETTA (2003, S.12) und TEJERINA ET AL. (2009)). Sie ist nach GUBLER & CLARK (1995) der Hauptüberträger vom DENV auf dem amerikanischen Kontinent.

2.3 Krankheitsübertragung

Der Prozess der Übertragung des Denguefiebervirus (siehe Abbildung 2.2) beginnt mit dem Blutkonsum der weiblichen Mücken, wenn sie das Blut von einer Person im virämischen Zustand zu sich nimmt.

Die *Virämie* dauert beim Menschen etwa fünf Tage. Ab wann genau die Mücke sich während der Virämiezeit in Menschen als Überträger infizieren kann, ist bisher nicht genau bekannt. Nach der Aufnahme infizierten Blutes von Menschen vermehrt sich das Virus in der Mücke (*extrinsische Inkubationszeit*), und bleibt ihr ganzes Leben lang (circa 40 Tage vgl. Abschnitt 2.4) infiziert.

Die *extrinsische Inkubationszeit* dauert zwischen 11 und 14 Tagen (KUNO (1995)). Anschließend kann die Mücke das Virus auf jede empfängliche Person (zweiter Wirt) übertragen (MONATH (1994)).

Das Virus vermehrt sich in der zweiten Person, bei der sich die Symptome nach durch-

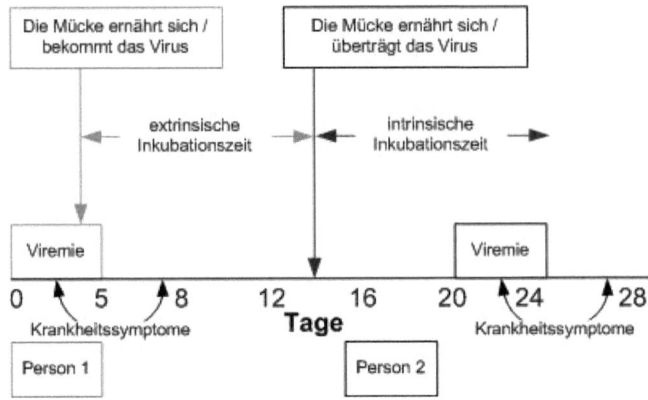

Abbildung 2.2: Prozess der Übertragung des Denguevirus.

schnittlich vier bis sieben Tagen nach dem Mückenstich zeigen. Dies ist die Zeit, die der *intrinsischen Inkubationszeit* in der infizierten Person entspricht.

A. aegypti ernähren sich in der Regel zwischen 6 und 8 Uhr morgens oder kurz vor Sonnenuntergang zwischen 17 und 19 Uhr (BARRERA ET AL. (2000) und BADII ET AL. (2007)). Forschungen über das Ernährungsverhalten dieser Mücken zeigen eine höhere Aktivität bei Tagesanbruch als in den Abendstunden (GUBLER & CLARK (1995), CARBAJO ET AL. (2001), DEROUICH ET AL. (2003) und BADII ET AL. (2007)).

Überdies erläutern KYLE & HARRIS (2008), dass die weibliche Mücke das Virus auf ihre Eier übertragen kann. Dieser Prozess ist als *vertikale Übertragung* bekannt. Außerdem erwähnt KUNO (1995), dass schwangere Frauen passive Überträger des Denguefiebers sein können, da sie *Antidengue Immunoglobulin G* auf ihren Fetus übertragen können. Dies kann als Hinweis dafür angesehen werden, weshalb eine Häufung von infizierten Kindern an hämorrhagischem Denguefieber auftritt (siehe Abschnitt 2.1).

2.4 Ökologie der *A. aegypti*

A. Aegypti hat zwei Phasen in ihrem Lebenszyklus: die aquatische- und die Luftphase. Die aquatische Phase setzt sich aus drei Entwicklungsstadien (*Ei, Larve* und *Puppe*) zusammen. Die Luftphase entspricht der erwachsenen Stufe (KOLIVRAS (2006)). NAKHAPAKORN & TRIPATHI (2005) fanden heraus, dass die Entwicklung von der Larve zur erwachsenen Mücke zwischen sieben und zwölf Tage dauert. Sie erwähnen außerdem, dass die Lebenserwartung der weiblichen Mücken zwischen 8 und 15 Tagen beträgt.

Diese Aussage stimmt nicht überein mit der von KUNO (1995), FOUQUE ET AL.

(2006) und BADII ET AL. (2007) genannten Lebenserwartung von circa 40 Tagen für die *Aedes* Mücke. Bei NAKHAPAKORN & TRIPATHI (2005) allerdings wird sich nur auf die Weibliche Mücke bezogen. Diese kürzere Lebenserwartung würde überdies nur schwer mit dem Ablauf des Übertragungsprozesses der WHO (vgl. Abbildung 2.2) vereinbar sein.

Die Lebensdauer der erwachsenen Mücken wird durch klimatische Eigenschaften beeinflusst, vor allem durch Feuchtigkeit und Temperatur. Beide Faktoren wirken sich auf ihre Ernährungsverhältnisse, Fortpflanzung und Aktivitätszeit aus (BADII ET AL. (2007)).

FOCKS ET AL. (1993) schätzen, dass Weibchen ca. 46 Eier zeugen. WELLMER (1983, S.14) beschreibt, dass das Weibchen des *A. aegyptis* ihre Eier in die Behälterwände oberhalb der Wasseroberfläche absetzt. Wenn das Wasser beispielsweise als Folge von Niederschlägen steigt, werden die Eier angefeuchtet und wenige Stunden später schlüpfen die Larven. Nach wenigen Tagen der Wasserphase verwandeln sie sich in Mücken. Eine genaue Anzahl der Tage wird in der Literatur nicht genannt.

Die Erläuterung dieser Fakten ist wichtig, da sie später in der Zeitreihenanalyse in Kapitel 5 aufgegriffen werden.

Hohlformen, die sich temporär mit Wasser füllen können, sind potenzielle Mückenbrutplätze. Sie sind meist künstlicher Art, produziert vom Menschen und befinden sich in oder in der Nähe von besiedelten Gebieten. Jeder Wasserbehälter kann zu einem Brutplatz werden. Als künstliche Becken kommen Kunststoff, Metall, Holz und Beton in Betracht und als natürliche Becken Astgabeln von Bäumen oder Pflanzen und kleine Pfützen und Feuchtgebiete (KOLIVRAS (2006), BADII ET AL. (2007) und TROYO ET AL. (2008)).

Sobald die Mücke erwachsen ist, ernährt sie sich etwa alle drei Tage. Sie bewegt sich in einem Umkreis von durchschnittlich 40 bis 60 m in städtischer Umgebung. Allerdings wird dieser Abstand durch die Nähe der bevorzugten Brutgebiete, die Zugänglichkeit zu Nahrung und die Ruheplätze beeinflusst. Die Ruheplätze bestehen in der Regel aus dunkel gelegenen geschützten Nischen. Darüber hinaus können die Mücken mithilfe des Windes zeitweise ihren Umkreis erweitern und können auch von Transportmitteln (Land, Luft) über längere Distanzen befördert werden (BADII ET AL. (2007)).

FOCKS ET AL. (1993) erwähnen, dass das Überleben und der biologische Zyklus der *A. aegyptis* temperaturabhängig sind. Außerdem weisen sie darauf hin, dass der Lebenszyklus des *A. aegyptis* sowohl mit der menschlichen Umwelt als auch mit den klimatischen Bedingungen in Zusammenhang steht.

In diesem Kontext stellt KOLIVRAS (2006) fest, dass die Larven Temperaturen unter 10°C nicht widerstehen. Darüber hinaus stellen BADII ET AL. (2007) heraus, dass die Larven bei Temperaturen oberhalb von 40°C in der Regel nicht überleben. BESERRA ET AL. (2006) berichten, dass die günstigste Temperatur für die Entwicklung der Mücke zwischen 22 und 30°C liegt.

Außerdem erwähnt KUNO (1995) unter Bezug auf *Blanc und Caminopetro* (1930), dass das Virus bei Temperaturen unter 16°C nicht übertragen werden kann. Darüber hinaus erwähnen GATRELL & ELLIOTT (2009, S.230), dass die extrinsische Inkubationszeit des Virus bei 34°C sieben und bei 27°C zehn Tage beträgt. Die kürzere Inkubationszeit ruft eine Erhöhung der Übertragungsrate der Krankheit hervor.

FAVIER ET AL. (2006) schätzen, dass die Gefahr einer Epidemie von Dengue eng mit ökologischen und biologischen Faktoren der erwachsenen Mücke in Zusammenhang zu bringen ist. Außerdem sind DE MATTOS ET AL. (2007) der Meinung, dass die Erhöhung der Krankheitshäufigkeit mit der jüngsten Expansion der Verbreitung der Mücke und der gleichzeitig erweiterten Zirkulation von mehreren Virus-Serotypen verbunden ist.

2.5 Verbreitung der *A. aegypti*

A. aegypti verbreitet sich überwiegen in den tropischen und subtropischen Ländern zwischen den Isothermen von 20° um den Äquator herum (siehe Abbildung 2.3) (FOCKS ET AL. (1993), GUZMAN & KOURI (2003) und GUBLER (2005)).

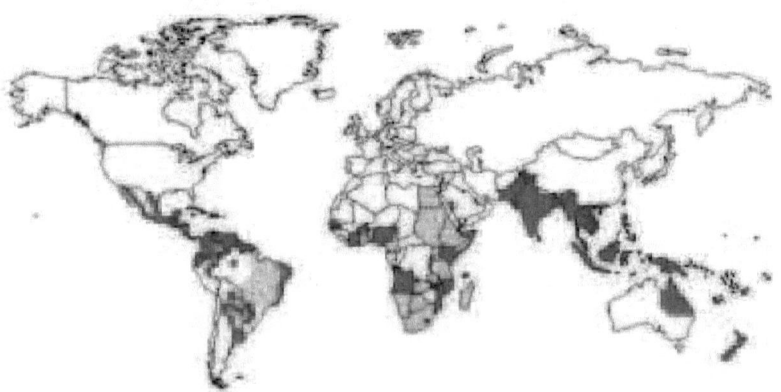

Abbildung 2.3: Verbreitungsgebiete von *A. aegypti* (Orange) sowie Dengue-Virus (rot) (Quelle: CDC (2005)).

Sie kommt in der Regel in Höhen unter 2.200 m vor (KUNO (1995) und CARBAJO ET AL. (2001)). Allerdings wurde es schon in Höhen von 2.500 m in Kolumbien gefunden (CLARK & RUBIO-PALIS (2008)).

Dabei vermutet WELLMER (1983, S.13), dass *A. aegypti* an jedem Ort, der diese subtropisch-tropische ökologischen Bedingungen erfüllt, an dem der Mensch die Umwelt verändert hat, gefunden werden kann. Deswegen überrascht es nicht, dass die Mücke in der Nähe von menschlichen Siedlungen besonders in Sumpfgebieten bei Armutsagglomerationen häufig gefunden wird.

Während der Regenzeit nimmt die Dichte der Mückenpopulation als Folge der Verfügbarkeit einer größeren Zahl von möglichen Brutstätten zu (BADII ET AL. (2007)).

Heutzutage sind die Hauptverbreitungsgebiete des Denguefiebers die städtischen Bereiche in Lateinamerika, Zentralafrika, Indien, Südostasien, Teile des Pazifiks und der Süden der USA (FOCKS & BARRERA (2007)).

Gegenwärtig zirkulieren in Südamerika die vier bekannten Stämme des Virus, eine Situation, die ein hohes Risiko für die Bevölkerung bedeutet (siehe Abschnitt 2.1). Um einen Überblick über die Lage in Südamerika zu gewinnen, wird als Zusammenfassung in der Tabelle 2.1 das erste Auftreten der verschiedenen Serotypen nach Jahr und Land aufgezeigt. Die Daten stammen aus FARIETTA (2003).

Land	DEN-1	DEN-2	DEN-3	DEN-4	DHF/DSS
Argentinien		1998			
Bolivien	1987	1990			
Brasilien	1982	1990	2001	1982	1986
Kolumbien	1978	1971	1975	1983	1985
Ecuador	1988	1990	**2000**	1993	**2000**
Fr. Guyana	1978	1970	1999	1982	1991
Guayana	1977	1989	1998		
Paraguay	1988	2001			
Peru	1990	1995	2000	1990	2001
Surinam	1978	1982	2001	1982	1982
Venezuela	1978	1984	1963	1985	1968

Tabelle 2.1: Das erste Auftreten des verschiedenen Serotypen des Denguefiebervirus in südamerikanischen Ländern. (Quelle: FARIETTA (2003)).

In mehreren südamerikanischen Ländern kam es im Jahr 2007 zu vermehrtem Auftreten von Denguefieber. Im selben Jahr kam in Paraguay eine Denguefieber Epidemie vor, welche nach offiziellen Angaben mehr als 15.000 Erkrankte verursachte. Zeitgleich wurden in Brasilien circa 42.000 Krankheitsfälle gemeldet. In beiden Ländern kam es zu mehreren Todesfällen, teilweise infolge der hämorrhagischen Form der Erkrankung. Nach OLIVEIRA ET AL. (2010) wurde die Dengue-Epidemie in Brasilien 2007 durch den Wiedereintritt des Serotys DEN−2 verursacht. Diese hat zu einem Anstieg der schweren Denguefieber bei Kindern geführt und ungefähr 50% der tödlichen Fälle verursacht, wobei Kinder im Alter von 0 bis 13 Jahren am stärksten betroffen waren. Leider stehen keine absoluten Zahlen zur Verfügung.

Im Jahr 2009 kam es zu einer weiteren Dengue-Epidemie. Diesmal waren Länder wie Bolivien und Argentinien betroffen. In Argentinien war die Dengue-Epidemie die schlimmste seit Rückkehr der Krankheit im Jahr 1998, wobei sich Infektionsfälle nicht mehr nur auf die nördlichen Provinzen begrenzen, sondern mittlerweile auch in bis dahin nicht betroffenen Regionen vorkamen. Die Zahl der Infektionen erhöhte sich auf über 26.000 Fälle (siehe Abbildung 2.4).

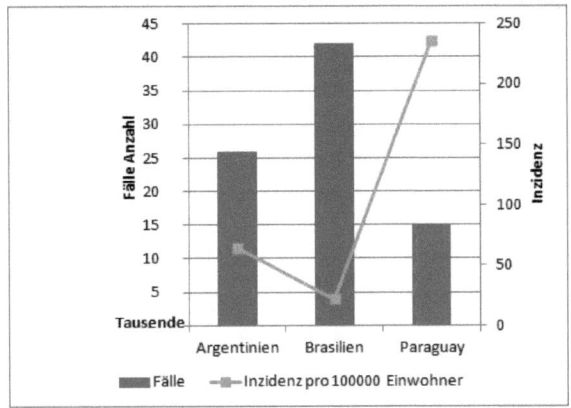

Abbildung 2.4: Denguefieber Inzidenz pro 100.000 Einwohnerzahl in ausgewählten südamerikanischen Ländern im Zeitraum 2007-2009 (Quelle: OLIVEIRA ET AL. (2010)).

Ecuador hat in den letzten 12 Jahren mehrere Epidemien von Denguefieber erfahren (siehe Tabelle 2.2).

Jahr	Fallzahl
2000	22000
2001	13000
2005	14000
2007	10000

Tabelle 2.2: Gemeldete Epidemien von Denguefieber in Ecuador. (Quelle: AMUNARRIZ ET AL. (2009, S.20)).

Im Jahr 2000 wurde in Ecuador der Serotyp DEN−3 zum ersten Mal registriert und gleichzeitig die hämorrhagische Form der Krankheit (vgl. Tabelle 2.1).

Auch bei Nichtvorhandensein tödlicher Fälle produziert Denguefieber erhebliche wirtschaftliche und soziale Schäden (Fehlzeiten, Ausfall wegen Schwächung, Medikation, usw.) (DEROUICH ET AL. (2003)). Das wiederum hat negative Auswirkungen sowohl auf die Gesundheit als auch auf den sozialen und wirtschaftlichen Status der Gesellschaft.

Nur durch die Ausbreitung des Gelbfiebers besteht ein noch höheres Risiko von Infektionen mit enormen volkswirtschaftlichen Schäden. Weltweit leben circa 600 Millionen Menschen in tropischen Gebieten Amerikas und Afrikas, in denen Gelbfieber endemisch ist. Schätzungen Zufolge verusacht dieser Virus bis zu 200000 Erkrankungen und 30000 Todesfälle jährlich, von denen 90% auf Afrika entfallen (TOLLE (2009)).

In Ecuador ist das Auftreten dieser Krankheit sporadisch und beschränkt sich nur auf tropische Regenwälder, wo die Mücke *Haemagoggus* lebt und ungeimpfte Personen infiziert. Es wurden zwischen 1990 und 2000 92 Erkranken und 48 Todesfälle durch Gelbfieber verzeichnet (OPS (2007)) und seit 1919 wurden die Krankheit nicht mehr in urbanen Gebieten gemeldet (IZURIETA ET AL. (2009)).

Malaria ist zwischen 1996 und 2001 wieder nach Ecuador zurückgekehrt, mit mehr als 100000 Erkrankungen im Jahr 2001. Seitdem ist Malaria bis 2009 auf ca. 6000 Fälle pro Jahr allmählich zurückgegangen.

Zu den ergriffenen Bekämpfungsmaßnahmen, die vom Ministerium für den öffentlichen Gesundheitsdienst eingesetzt werden, zählen: Hausbesuche, bei denen Bekämpfungsmittel (*Abbe*) in Wasser-Container abgesetzt werden; die Zerstörung von Brutplätzen, es werden Insektizide gesprüht und es werden Anweisungen an die Bewohner zur Verhinderung der Reproduktion der Mücke ausgegeben (CAÑIZARES ET AL. (1999)). Diese Maßnahmen werden vom nationalen Bekämpfungsdienst gegen durch Moskitos übertragene Infektionskrankheiten "Servicio Nacional de control de Enfermedades transmitidas por Mosquitos" (SNEM) durchgeführt.

In Ecuador konzentrieren sich 80% der Denguefieberfälle auf die Küstenprovinzen (MEJÍA ET AL. (2006, S.37)). Trotz der Bemühungen des Ministeriums für öffentliches Gesundheitswesen gibt es einen Aufwärtstrend bei der Anzahl der Denguefieberfälle in Ecuador. Dies könnte die Folge des Mangels an Kontinuität in der Bekämpfung der Mücken sein (MEJÍA ET AL. (2006, S.35)).

Die bisherigen Bekämpfungsmaßnahmen erweisen sich als wenig wirksam, da sie ohne hinreichende Kenntnisse von Hintergründen und Zusammenhängen der Verbreitung der Krankheit durchgeführt wurden. Deswegen werden in der vorliegenden Arbeit Vorkommen, Verbreitung und Interaktion von Denguefieber mit möglichen Einflussfaktoren untersucht (siehe Kapitel 4, 5 und 6), um ein besseres Verständnis des Verlaufs der Krankheit zu gewinnen. Dieses soll dazu beitragen für die Zukunft eine wirksamere Behandlungsstrategie zur Vermeidung von Epidemien zu entwickeln.

Bevor auf diese Thematik genauer eingegangen wird, werden zunächst die Materialen und Methoden des Vorgehens in Kapitel 3 dargelegt.

Kapitel 3

Material und Methoden

3.1 Untersuchungsgebiet

Ecuador liegt im Nordwesten des südamerikanischen Kontinents. Im Norden grenzt das Land an Kolumbien, im Süden und Osten an Peru. Die westliche Grenze bildet der Pazifische Ozean. Durch den Norden Ecuadors verläuft der Äquator und ist für das Land namensgebend. Die klimatischen Bedingungen des Landes werden aufgrund seiner geographischen Lage durch bestimmte Merkmale der Tropen gekennzeichnet.

LAUER (1993, U.A. S.131) beschreibt die Tropen als den Wärmegürtel der Erde, welcher geringe jahreszeitliche, dafür aber hohe tageszeitliche Unterschiede der Temperatur aufweist. Es herrscht das sogenannte Tageszeitenklima. Darüber hinaus stellen BENDIX & BENDIX (2004) fest, dass die Tropen durch das quasistationäre System der Hadleyzirkulation und im äquatorialen Bereich durch die Walkerzirkulation bzw. die Southern Oscillation (SO) geprägt sind. Beide Zirkulationszellen besitzen einen thermischen Antrieb und beeinflussen auch gleichzeitig die Oberflächentemperatur. Die folgenden Abschnitte geben eine Übersicht über die wichtigsten klimatischen und geographischen Eigenschaften des Untersuchungsgebietes.

3.1.1 Geographische Lage des Untersuchungsgebietes

Das Hauptuntersuchungsgebiet ist die Stadt Guayaquil. Sie liegt in der Küstenregion Ecuadors, in der Provinz Guayas auf 2°18'-2° 02' südlicher Breite und 79°50'-79°59' östlicher Länge (Abbildung 3.1).

Guayaquil liegt am Westufer des Rio Guayas, etwa 50 km oberhalb dessen Mündung in den Golf von Guayaquil. Durch die Stadt erstreckt sich von Süden nach Norden der "Estero Salado". Dies ist ein weit ins Landesinnere ragender Meeresarm, der im heu-

Abbildung 3.1: Lage des Untersuchungsgebietes Guayaquil in der Provinz Guayas, Ecuador, mit den verfügbaren und verwendeten Klimastationen (rote Punkte) (Quelle: Glovis Server, Satellitenbild aufgenommen von Landsat ETM+ im November (2000), ergänzt).

tigen Stadtgebiet zum Teil ausgetrocknet ist. Dort befinden sich im Norden und Süden Armenviertel und im Zentrum gehobene Wohnviertel.

Die Stadt ist überwiegend eben, mit vereinzelten Erhebungen wie den "Cerro Santa Ana" und "del Carmen" im Osten, "Cerro San Eduardo" im Nordwesten und weiter westlich dem "Cerro Azul", welcher mit circa 500 m die maximale Höhe der Stadt aufweist. Er liegt außerhalb des Kerngebietes, gehört aber noch zur Stadt.

3.1.2 Klimatische Einordnung

Das Klima in Guayaquil ist tropisch mit einer mittleren Temperatur von 26 °C, mit leichten über das Jahr verteilten Schwankungen, welche aber keine 10 °C überschreiten, und einem mittleren jährlichen Niederschlag von circa 1000 bis 1300 mm. Die Verteilung der Niederschläge stellt sich dabei monomodal dar, mit einer Regenzeit von Dezember bis Mai. Die Niederschlagsspitzen fallen auf die Monate von Januar bis April mit durchschnittlichen Werten von über 150 mm. Die Trockenzeit tritt zwischen Juni und November auf, in der die durchschnittlichen Niederschlagswerte unter 20 mm liegen und in einzelnen Jahren nur selten 40 mm übersteigen (vgl. Abbildung 3.4).

Die Niederschlagsmenge wird sowohl von der warmen "El Niño" als auch der kalten "Humboldt" Strömung und darüber hinaus durch die Translationsbewegung der Sonne und der Südostpazifischen Hochdruckzelle der Innertropische Konvergenzzone (ITCZ) beeinflusst. Außerdem erwähnt WEISCHET (1996, S.393), dass die marinen Bedingungen mit dem Auftreten des "El Niño" Strom verbunden sind. Das Klimaphänomen "El Niño" bezieht sich auf eine Erscheinung, bei der im Zuge des normalen Jahreszeitenwechsels die kalten, nährstoffreichen Auftriebswasser des Humboldtstroms um die Weihnachtszeit durch warmes, nährstoffarmes Wasser des nach Süden vorrückenden äquatorialen Gegenstroms verdrängt werden (BENDIX & BENDIX (2006)). Im April gerät der gesamte Küstenbereich Ecuadors unter den Einfluss der Südostpazifischen Hochdruckzelle. Dadurch wird der äquatoriale Gegenstrom nach Norden abgedrängt, und das Ende der Regenzeit an der Küste ist erreicht.

Im Gegensatz zur Aussage von ENGELHARDT (2000, S.13) tritt der Höhepunkt der Trockenzeit nicht im Juli sondern erst von August bis Oktober auf, da in diesen Monaten auch in Niño Jahren nur minimale Niederschläge fallen. Darüber hinaus stellen BENDIX & BENDIX (1998) fest, dass im Golf von Guayaquil während der Monate März und April starke nächtliche Niederschlagsfälle auftreten, was für eine längere Verfügbarkeit des Wassers und damit zu besseren Lebensgrundlagen der Mücken beitragen könnte und nach der Steigerung der Krankheitsfälle in diesem Zeitraum (siehe Abbildung 5.9) auch der Fall zu sein scheint.

LAUER (1993, S.131) erwähnt, dass es in den Tropen, infolge der Ekliptik, im Laufe eines Jahres zweimal zu zenitalem Sonnenstand kommt. Eigentlich sollte deshalb in Ecuador eine zweite Regenzeit im September vorkommen. Allerdings ist der Monat trocken, und die Regenzeit beginnt erst Ende November. Diese Verzögerung ist nach WEISCHET (1996, S.392) eine Konsequenz des starken Einflusses des Humboldtstroms gesteuert durch das ausgeprägte südpazifische Hochdruckgebiet.

Im Oktober, wenn die Sonne den Zenit überschritten hat und nach Süden wandert, destabilisieren sich die atmosphärischen Bedingungen. Dennoch ist die Südostpazifische Hochdruckzelle immer noch kräftig genug, um das Klima des Küstengebietes Ecuadors zu beeinflussen und die Trockenheit bis Ende Novembar/ Anfang Dezember andauern zu lassen.

Erst im Dezember erreicht der äquatoriale Gegenstrom mit dem weiteren Vorrücken des ITCZ die Südküste Ecuadors, die Passatinversion wird geschwächt und Niederschläge werden ermöglicht. Das ist der Beginn der Regenzeit, die in Ecuador "Winter" genannt wird und gewöhnlich bis April andauert (ENGELHARDT (2000, S.13)).

3.2 Datenquellen

3.2.1 Raumbezogene Daten

Die raumbezogenen Daten bestehen vornehmlich aus Kartenmaterial und müssen mit den anderen Datenkategorien (Epidemiologie, Klima, Umwelt und Bevölkerung), die nur indirekten Raumbezug besitzen, in Verbindung gesetzt werden. Das Kartenmaterial wurde seitens der Gemeindeverwaltung des Untersuchungsgebietes bereitgestellt. Es stellt unter anderem Häuserblöcke, Ortsteile, Wasserflächen und Stadtgrenzen dar. Zusätzlich wurden die Straßen der Stadt digitalisiert, um die Lokalisierung der Krankheitsfälle räumliche exakt zuordnen zu können (siehe Abbildung 3.2).

Weiterhin stellte die Stadtverwaltung von Guayaquil die digitale Karte der Volkszählungsbezirke der Volkszählung (2001) zur Verfügung (siehe Abbildung 3.3).

Die Satellitenbilddaten (von Landsat−7 ETM+) wurden vom Server Glovis unter `http://glovis.usgs.gov/` bereits georeferenziert heruntergeladen. Weiterhin standen IKONOS und SPOT aus Teilgebieten der Stadt von CLIRSEN zur Verfügung. Die Landsat-Szenen liefern die Grundlagen zur Untersuchung der Zusammenhänge zwischen der Bildung von Häufungen von Denguefieber und Umweltfaktoren (Vegetation und Wasserflächen). Zur Anwendung der Landsat-Szenen in der Raumanalyse wurden sie zuerst mit Bildverarbeitungsprogrammen vorverarbeitet. Der durchgeführte

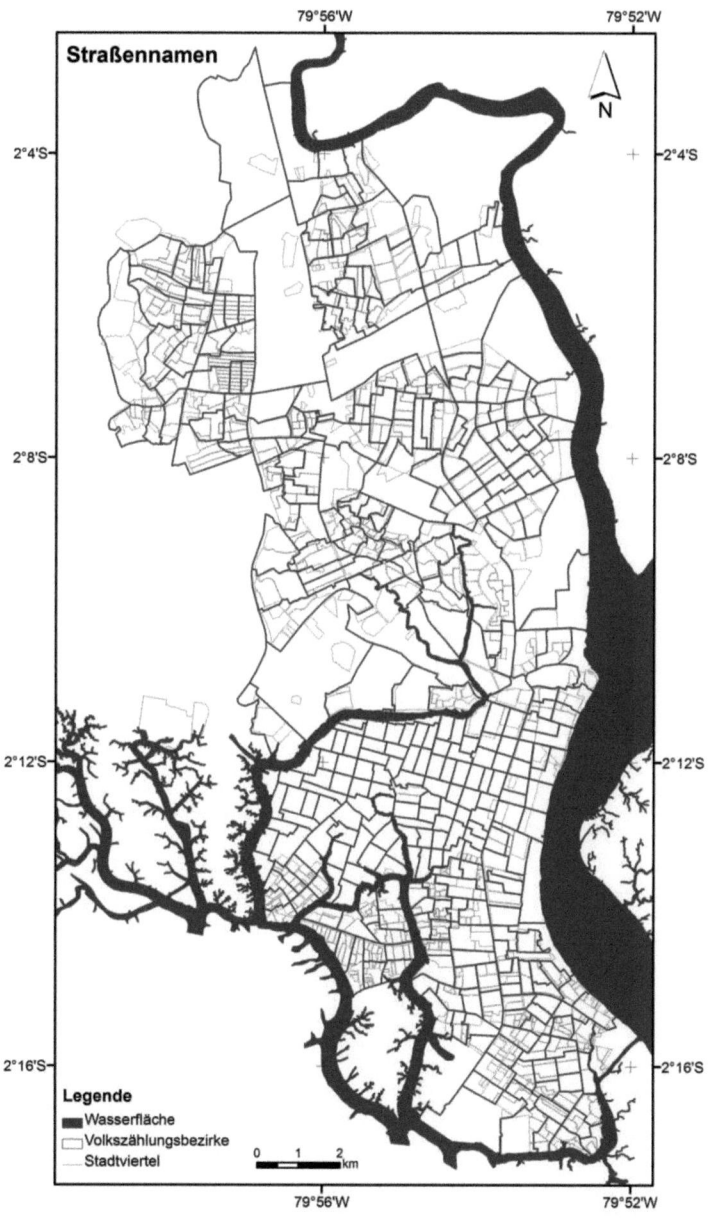

Abbildung 3.2: Straßen des Untersuchungsgebietes (Eigene Erstellung).

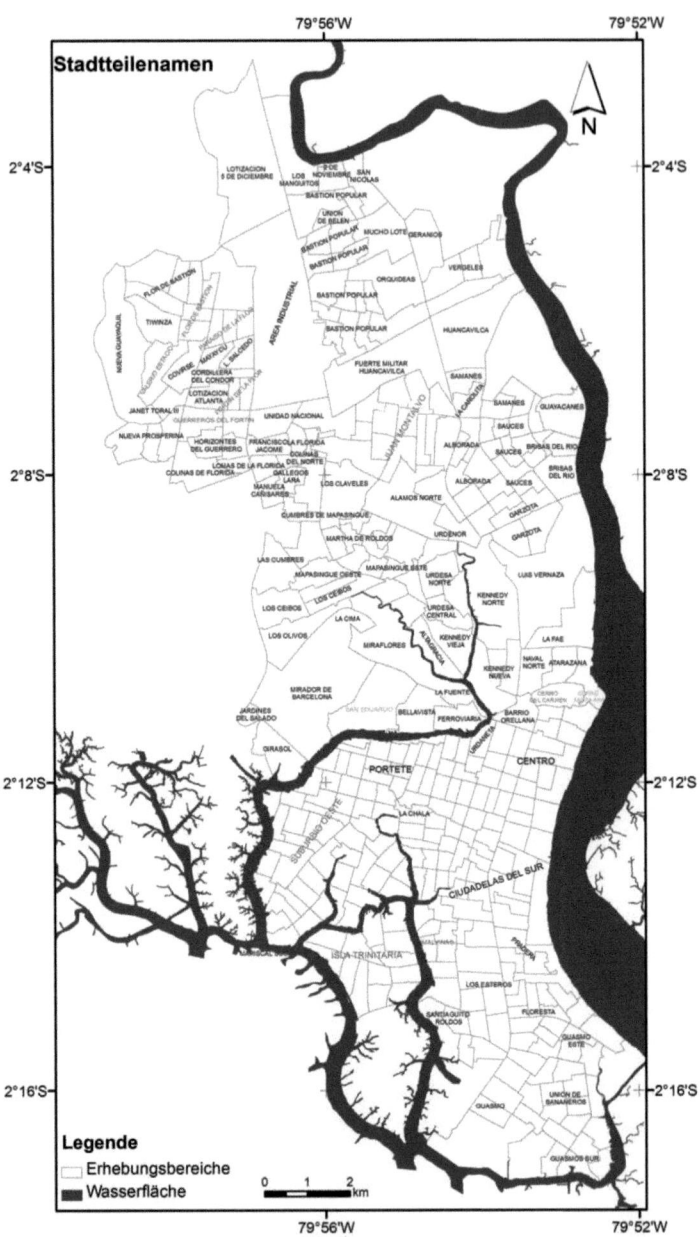

Abbildung 3.3: Volkszählungsbezirke des Untersuchungsgebietes (Quelle: Gemeindeverwaltung von Guayaquil). Die farbig hervorgehobenen Stadtteile werden im Text erwähnt.

Bearbeitungsprozess wird im Abschnitt 6.4.1 dargestellt.

3.2.2 Klimatische Daten

Die klimatischen Daten wurden von zwei Institutionen ("Instituto Oceanografíco de la Armada" kurz INOCAR und "Instituto Nacional de Meterología e Hidrología" kurz INAMHI) geliefert. INOCAR stellte monatlichen Daten zwischen 1970 und 2008 und tägliche von 2000 bis 2008 von einer Klimastation zur Verfügung, welche im Süden des Untersuchungsgebietes liegt und mit dem Namen "Inocar" in den Statistiken geführt wird (siehe Abbildung 3.4).

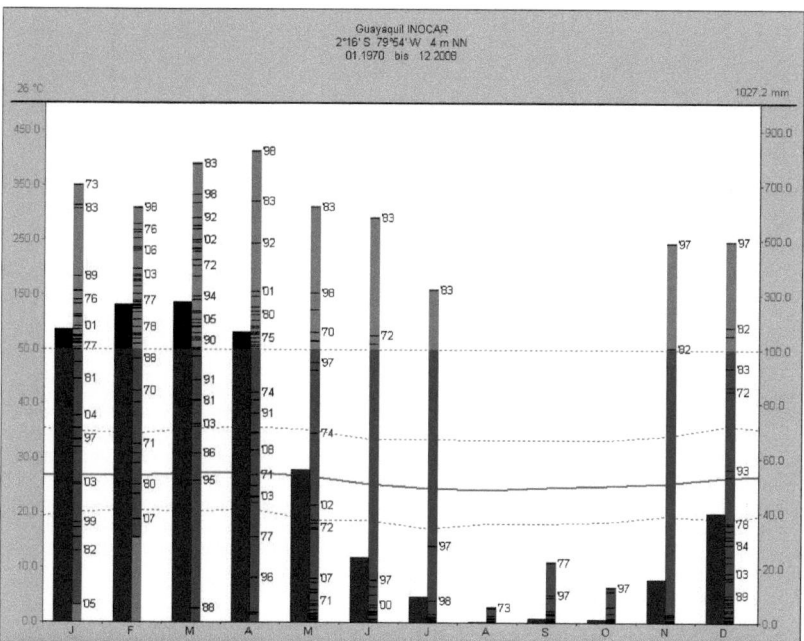

Abbildung 3.4: Mittlerer monatlicher Niederschlag (dunkelblaue Säulen), monatliche Durchschnittstemperaturen (dunkelrote Linie) und mittlere Maxima- und Minima-Temperatur (gepunktete rote Linie) der Klimastation Inocar, Ecuador. Die hellblauen in den intensiv blauen Säulen geben die geringsten Werte eines jeden Monats während der gesamten Registrierperiode wieder. Zahlen an den blauen Säulen markieren den entsprechenden Monatsniederschlag des Jahres. Die vertikalen Achsen auf der rechten und der linken Seite stellen die Skalen für Temperatur und monatlichen Niederschlag dar. (Dargestellt mit dem Softwarepaket KIWI).

INAMHI lieferte Daten von zwei weiteren Klimastationen des Untersuchungsgebietes. Eine befindet sich im Norden des Untersuchungsgebietes am Flughafen der Stadt geführt unter dem Namen "Aeropuerto", von welcher monatliche Daten zwischen 1961 und 2005 zur Verfügung stehen (siehe Abbildung 3.5).

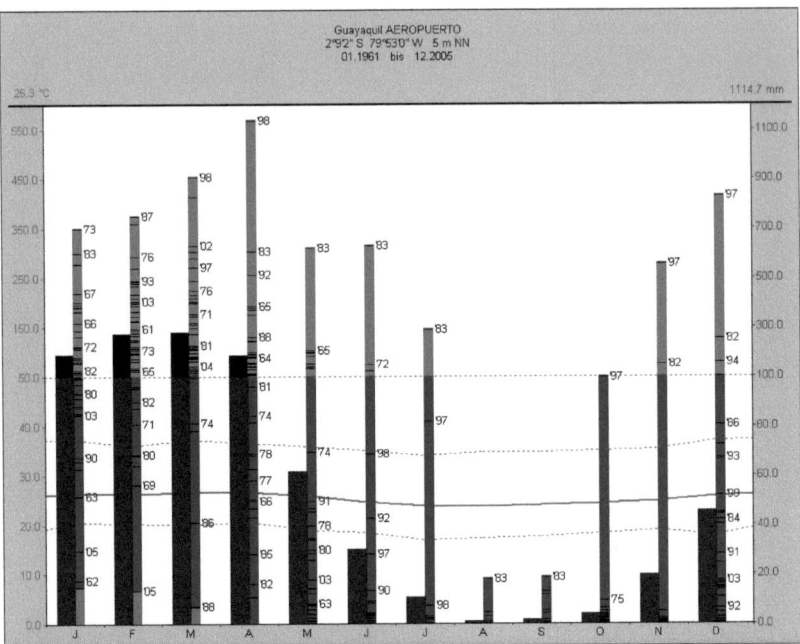

Abbildung 3.5: Mittlerer monatlicher Niederschlag (dunkelblaue Säulen), monatliche Durchschnittstemperaturen (dunkelrote Linie) und mittlere Maxima- und Minima-Temperatur (gepunktete rote Linie) der Klimastation Aeropuerto, Ecuador. Die hellblauen in den intensiv blauen Säulen geben die geringsten Werte eines jeden Monats während der gesamten Registrierperiode wieder. Zahlen an den blauen Säulen markieren den entsprechenden Monatsniederschlag des Jahres. Beim Fehlen hinreichender Abstände ist die Jahreszahl nicht registriert. Die vertikalen Achsen auf der rechten und der linken Seite stellen die Skalen für Temperatur und monatlichen Niederschlag dar. Am unteren Rand erscheinen die Monate (Dargestellt mit dem Softwarepaket KIWI).

Die andere Klimastation liegt im Zentrum des Untersuchungsgebietes in der Universidad Estatal de Guayaquil und wird unter dem Namen "Radio Sonda" geführt. Von dieser wurden monatliche Daten zwischen 1992 und 2007 und tägliche zwischen 2000 und 2008 verwendet, die leider sehr lückenhaft sind (siehe Abbildung 3.6).

Die erhaltenen Daten beinhalten Informationen über Niederschlagsmenge, mittlere Minimum- und Maximum-Temperatur, sowie Minima und Maxima der Luftfeuchtigkeit. Sie wurden als Excel Dateien erhalten, danach bearbeitet und in einer Geodatenbank gespeichert.

Im Arbeitsgebiet ist die Temperatur für die Lebensbedingungen der Mücken das gan-

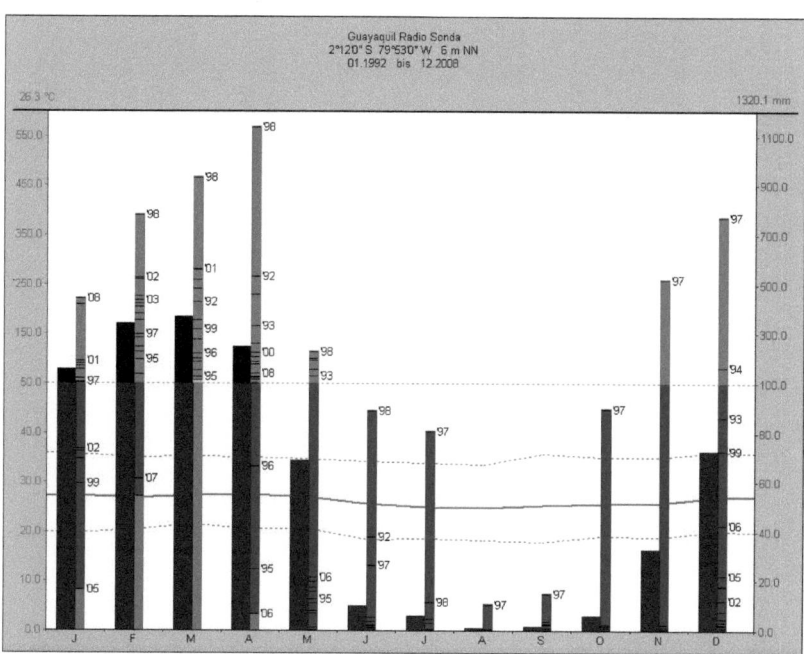

Abbildung 3.6: Mittlerer monatlicher Niederschlag (dunkelblaue Säulen), monatliche Durchschnittstemperaturen (dunkelrote Linie) und mittlere Maxima- und Minima-Temperatur (gepunktete rote Linie) der Klimastation Radio-Sonda, Ecuador. Die hellblauen in den intensiv blauen Säulen geben die geringsten Werte eines jeden Monats während der gesamten Registrierperiode wieder. Zahlen an den blauen Säulen markieren den entsprechenden Monatsniederschlag des Jahres. Beim Fehlen hinreichender Abstände ist die Jahreszahl nicht registriert. Die vertikalen Achsen auf der rechten und der linken Seite stellen die Skalen für Temperatur und monatlichen Niederschlag dar. Am unteren Rand erscheinen die Monate (Dargestellt mit dem Softwarepaket KIWI).

ze Jahr gleichbleibend günstig. Die Niederschlagsverteilung hat einen charakteristischen Jahresverlauf, der für alle drei verfügbaren Stationen ähnlich ist. Die mittleren Jahresniederschlagshöhen weisen sehr große Unterschiede zwischen 1000 mm am Stadtrand im Süden, 1300 mm im Stadtzentrum und 1100 mm im Norden am Flughafen auf.

Man kann naturgemäß allein von drei Stationen in einem so großen Stadtgebiet wie Guayaquil keine sichere flächendeckende räumliche Differenzierung der Niederschlagsverteilung ableiten. Aus der Kenntnisse vieler Stadtklimauntersuchungen der Erde einschließen der Tropen und regional klimatischen Regeln soll aber der Versuch unternommen werden, einen groben Überblick über die räumliche Niederschlagsverteilung in des Untersuchungsgebietes zu entwerfen.

INOCAR repräsentiert den Typ einer meeresnahen Küstenstation mit Land-See-Windzirkulation und relativ niedrigen Niederschlägen unmittelbar an der Küste. Winde erfahren landeinwärts einen Stau in Abhängigkeit von der Rauigkeit der Oberfläche. Diese nimmt mit zunehmender Bebauung zu und dürfte damit einen Teil der Zunahme der Niederschläge zum Landessinneren hin erklären.

Überlagert wird dieses Phänomen von den in den Tropen vorherrschenden starken Konvektionserscheinungen. Diese sind aus stadtklimatischer Sicht und generell mit dichter werdender Bebauung ebenfalls zunehmend. Hieraus erklärt sich bei feucht-labiler-Luft während der Regenzeit eine verstärkte Konvektion mit Wolkenbildung über den Zentren der dicht bebauten Stadtteile. Dem entsprechend sind die höchsten Niederschläge von über 1300 mm der Station Radio-Sonda plausibel. Zudem liegt Radio-Sonda in der Nähe der weiten Wasserflächen des Rio Guayas der zur Wasserdampfsättigung dieser Umgebung beitragen dürfte.

Die dritte Station (Aeropuerto) repräsentiert aufgelockert bebaute mit Grünanlagen und reichlich vegetationsdurchsetzte Wohngebiete und macht daher die Niederschlagabnahmen im Norden verständlich. Auffällig an der zeitlichen Niederschlagsverteilung über das Jahr ist, dass die eben skizzierten Überlegungen auch für die einzelnen Monate bestätig werden, wobei nur der Januar aus der Reihe fällt (vtl. Tabelle 3.1). Auch die höchsten Minimumniederschläge sowie die größten Maxima unterstreichen in der Tendenz die dargelegten Tatbestände.

Klimastation	J	F	M	A	M	J	J	A	S	O	N	D	Jahr
Aeropuerto	192	276	283	190	62	30	11	0,9	1,6	3,9	20	46	1114
Radio-Sonda	158	342	371	249	69	10	6	0,8	1,5	6,1	33	76	1320
Inocar	174	264	275	165	56	24	9	0,4	1,6	1,1	16	40	1027

Tabelle 3.1: Mittlere monatliche Niederschläge der Klimastationen des Untersuchungsgebiets.

Das Auftreten des Denguefiebers fällt eindeutig in die Niederschlagsperiode, doch fallen Erkrankungsmaxima in den verschiedenen Jahren nicht zusammen mit den Jahren höchsten Niederschlags. Es ist daher eine differenziertere Betrachtung der Niederschläge nötig, um Gründe der Denguehäufigkeiten in Abhängigkeit vom Niederschlag im Gesamtkontext besser zu verstehen. Hierzu müssen die Niederschlagsdaten zeitlich weiter differenziert betrachtet werden, was leider nur anhand der Station INOCAR möglich ist. Diese Klimastation verfügt zwar nicht über die längste Registrierperiode, aber es liegen von ihr die komplettesten und zeitlich am besten aufgelösten Aufzeichnungen vor.

3.2.3 Epidemiologische Material und Zensusdaten

Das epidemiologische Material stammt aus der "Epidemiologie-Abteilung des Bundesgesundheitsamtes Ecuadors" (Subsecretaria Regional Costa-Insular de Salud del Ecuador) kurz SRCI. Es beinhaltet Daten über Alter, Geschlecht, Adresse[1], Beginn der Symptome (Datum), epidemiologische Woche, Zustand des Patienten (lebend, tot) von 4328 als angesteckt gemeldeten Personen, welche zwischen 2005 und 2009 im Untersuchungsgebiet registriert wurden. Um einen Überblick über die räumliche Verteilung der Daten zu gewinnen, werden in Abbildung 3.7 die gemeldeten Denguefieberfälle aufgezeigt.

Parallel dazu wurden von der INEC Webseite (http://www.inec.gov.ec/web/guest/descargas/basedatos/cen_nac) die Datenbank der Volkzählung von 2001 heruntergeladen, welche das ecuadorianische "Staatliche Institut für Statistik und Volkszählung" (Instituto nacional de estadísticas y censos), kurz INEC, durchführte. Die heruntergeladenen Daten beinhalten sowohl Informationen über die Einwohner als auch über Eigenschaften der Häuser und die Verfügbarkeit öffentlicher Versorgungsdienste. Nach Angabe der Volkszählung, die zuletzt im Jahr 2001 durchgeführt wurde, umfasst die Bevölkerung von Guayaquil ca. 2 Millionen Einwohner, davon 1.040.598 Frauen und 999.191 Männer (siehe Abbildungen 3.8).

Abbildung 3.9 stellt die zwischen 2005 und 2009 gemeldeten Denguefieberfälle dar.

Das erfasste Material wurde bearbeitet und in der zu dieser Untersuchung aufgebauten Geodatenbank zusammengefügt (siehe Abbildung 3.10).

Die gesammelten Daten liefern das Basismaterial für die vorliegende Untersuchung. Sie wurden zur epidemiologischen (Kapitel 4), zeitlichen (Kapitel 5) und räumlichen (Kapitel 6) Analyse verwendet.

---

[1]In den meisten Fällen liegen Angaben mit Straßennamen und der benachbarten Straße vor, da in Guayaquil keine Hausnummern vergeben sind. In den Armenvierteln beziehen sich die Angaben auf komplette Stadtteilblöcke, die über mehrere Nebenstraßen hinweg reichen (circa 35% der Daten).

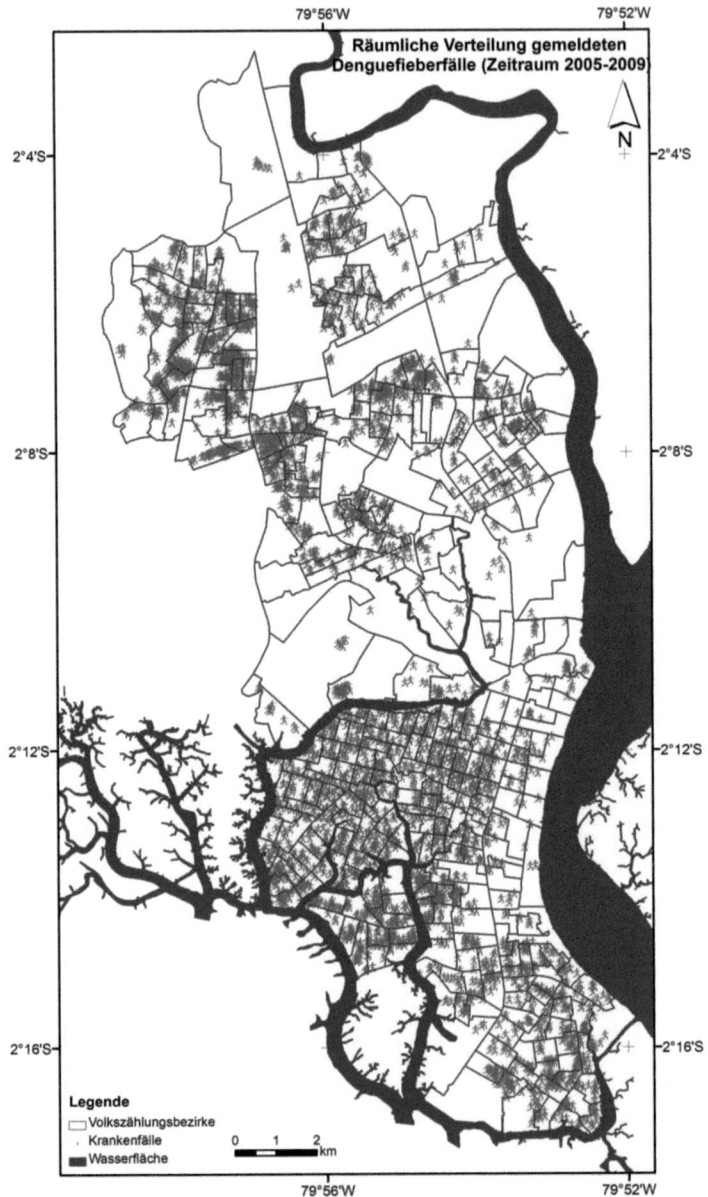

Abbildung 3.7: Räumliche Verteilung der gemeldeten Denguefieberfälle zwischen 2005 und 2009 in Guayaquil, Ecuador.

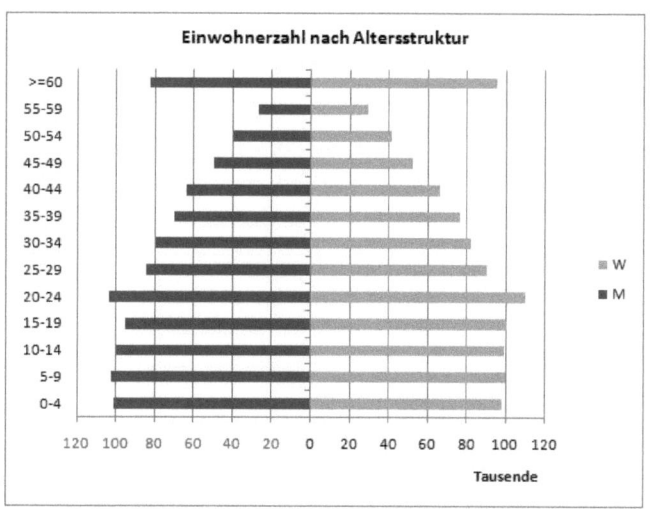

Abbildung 3.8: Bevölkerungspyramide der Einwohner, die in Guayaquil, Ecuador, entsprechend der Volkzählung von 2001 gemeldet waren (Quelle: INEC, (2001)).

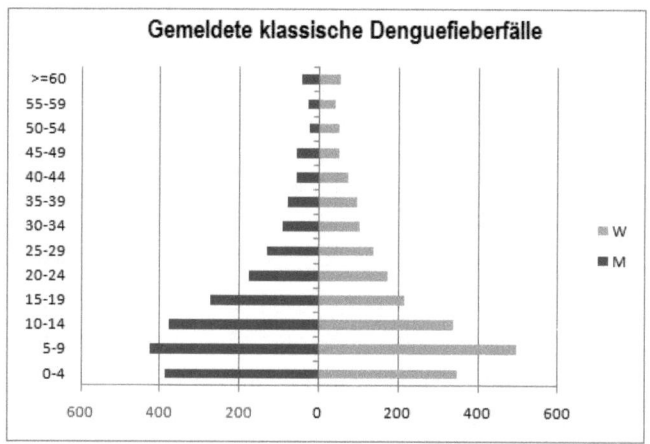

Abbildung 3.9: Gemeldeten klassische Denguefieberfälle zwischen 2005 und 2009 in Guayaquil, Ecuador (Quelle: SRCI, (2010)).

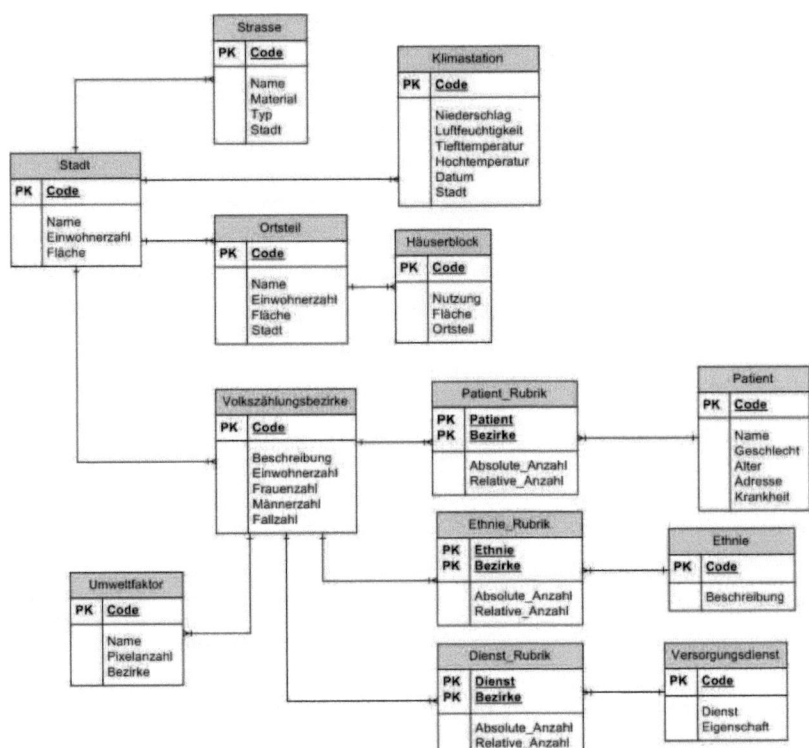

Abbildung 3.10: Datenbankmodell.

3.3 Untersuchungsmethoden

Um den Zusammenhang zwischen klimatischen, weiteren umweltbezogenen und soziodemographischen Faktoren und dem Vorkommen von Denguefieber zu untersuchen, werden die in Abbildung 3.11 dargestellten Arbeitsschritte angewendet.

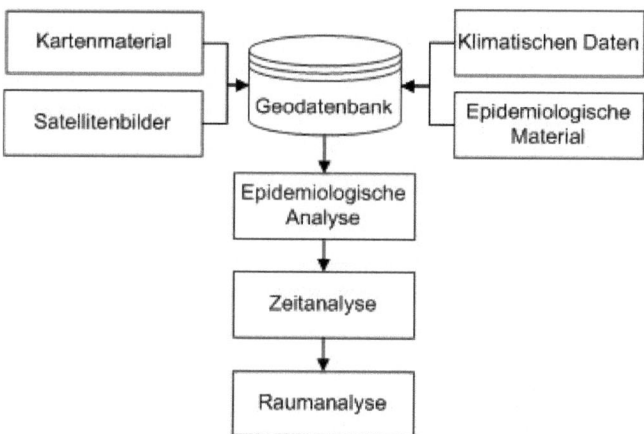

Abbildung 3.11: Graphische Darstellung der angewandten Arbeitsschritte.

Zuerst wird das Basismaterial vorverarbeitet und danach in der aufgebauten Geodatenbank gespeichert (siehe Abbildung 3.10). Sodann wird die Erkrankungshäufigkeit von klassischem und hämorrhagischem Denguefieber in Guayaquil, Ecuador mittels epidemiologischer Methoden berechnet und analysiert (siehe Kapitel 4). Das Hauptziel der epidemiologischen Analyse in der vorliegenden Untersuchung ist, die am häufigsten betroffenen Gruppen im Bevölkerung herauszufinden.

Anschließend wird mittels der Zeitreihenanalyse durch den Box-Jenkins Ansatz der Zusammenhang zwischen klimatischen Variablen und dem Vorkommen von klassischem Denguefieber untersucht (siehe Kapitel 5). Ziel dieses Kapitels ist die Aufdeckung von Risikoperioden im Zusammenhang mit dem Verlauf der Krankheitsfälle und klimatischen Variablen.

Nachfolgend werden anhand von Raumanalysen in Kapitel 6 die Verbreitung von klassischem und hämorrhagischem Denguefieber und deren Zusammenhang mit sozioökonomischen und weiteren umweltbezogenen Faktoren analysiert. Ziel ist die Bildung von Häufungen (*Hotspots*) zu charakterisieren und Zusammenhänge mit umweltbezogenen Faktoren (wie zum Beispiel Vegetation, Feuchtgebiete, Kanäle) aufzudecken.

Die Abbildung 3.12 stellt Faktoren dar, die das Vorkommen von Denguefieber beein-

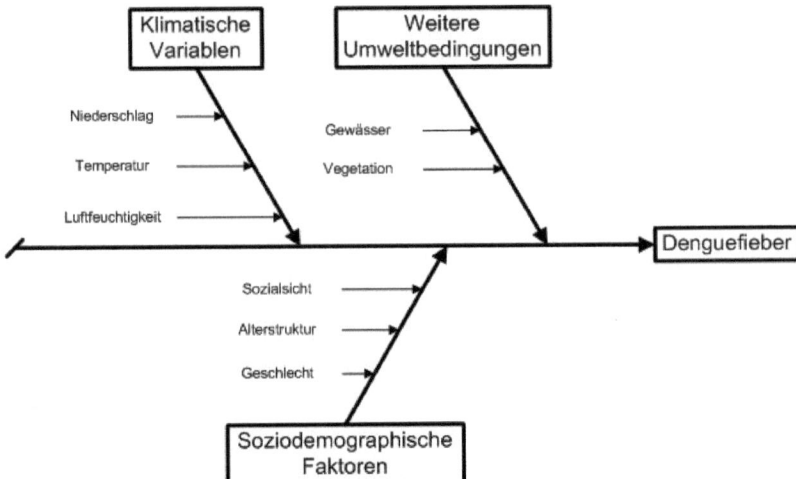

Abbildung 3.12: Faktoren, die das Vorkommen von Denguefieber beeinflussen können und in der vorliegenden Arbeit berücksichtigt werden.

flussen und die in der vorliegenden Untersuchung berücksichtigt werden.

Die Daten des Denguefiebersregisters wurden zur weiteren Analyse in das Statistikprogramm SAS Version 9.2 überführt und ausgewertet. Dabei wurden ausführliche deskriptive Analysen mit Häufigkeitstabellen, Berechnungen von Mittelwerten, Medianen und Standardabweichungen durchgeführt. Für den Vergleich zweier Gruppen (zum Beispiel Frauen und Männern) wurde die Standardisierte Inzidenzratio (SIR) berechnet.

SAS wurde auch zur Zeitanalyse angewendet. Dabei wurde die Box-Jenkings-Methode zur Erstellung von Vorhersagemodellen verwendet. Die Raumanalyse wurde mithilfe von Arcgis Version 9.3 und GeoDa Version 0.9.5 durchgeführt.

Kapitel 4

Epidemiologische Analyse

Die vorliegende epidemiologische Analyse wird zur Charakterisierung der Krankheitsdynamik von Denguefieber in Guayaquil, Ecuador, durchgeführt. Hierfür werden unterschiedliche Altersgruppen und der Einfluss des Geschlechts analysiert, um herauszufinden, welcher Anteil der Population besonders anfällig ist.

Denguefieber ist eine Übertragungskrankheit, die im Untersuchungsgebiet als endemisch[2] bezeichnet wird und bereits mehrere Epidemien ausgelöst hat (siehe Definition 4.2).

Definition 4.1 (Übertragbare Krankheiten)
Als *übertragbar* (oder infektiös) bezeichnet man Krankheiten, die durch Übertragung eines spezifischen Krankheitserregers auf einen anfälligen Wirt hervorgerufen werden. Die Übertragung solcher Krankheitserreger auf den Menschen erfolgt entweder direkt durch andere infizierte Menschen oder Tiere oder indirekt durch Zwischenwirte, luftgetragene Partikel oder andere Infektionsträger.

Zu den Zwischenwirten zählen Insekten oder andere Tiere, die den Krankheitserreger von Mensch zu Mensch übertragen. Als Infektionsträger werden kontaminierte Gegenstände oder Teile der Umwelt (zum Beispiel Kleidung, Wasser, Nahrungsmittel, Blut oder chirurgische Instrumente) bezeichnet (BONITA ET AL. (2008, S.179)).

Definition 4.2 (Epidemie)
Von Epidemien spricht man, wenn übermäßig viele Krankheitsfälle auftreten, die das Normalmaß in einer Bevölkerungsgruppe oder Region übersteigen. Die Beschreibung

---
[2]Endemie wird im medizinischen Bereich im Gegensatz zu biologischen Anwendungen in abgewandeltem Sinne verwendet.

einer Epidemie umfasst Angaben zum Zeitraum, zur geografischen Lokalität und zu den besonderen Merkmalen der betroffenen Population. Die Dynamik einer Epidemie wird durch die Eigenschaften des Erregers und seines Übertragungsmusters sowie die Anfälligkeit des menschlichen Wirtsorganismus bestimmt (BONITA ET AL. (2008, S.183))

Definition 4.3 (Endemische Krankheit)
Übertragbare Krankheiten werden als endemisch bezeichnet, wenn sie in einer bestimmten geographischen Region oder einer bestimmten Bevölkerungsgruppe nach einem relativ stabilen Muster mit einer vergleichsweise hohen Prävalenz und Inzidenz auftreten (BONITA ET AL. (2008, S.185)).

SELVIN (1996, S.127) und KREIENBROCK & SCHACH (2005, S.9) definieren die Epidemiologie als die Untersuchung der Verteilung von Krankheiten sowie Faktoren, die diese Verteilung beeinflussen. Die Epidemiologie ist aus der Untersuchung von Ausbrüchen übertragbarer Krankheiten und der Wechselwirkung zwischen Erreger, Wirt, Vektoren und Reservoirs hervorgegangen.

Ziel von wissenschaftlichen epidemiologischen Arbeiten ist unter anderem, Umstände zu beschreiben, die in menschlichen Populationen Epidemien auslösen. Zur Beschreibung der Erkrankungshäufigkeit (Morbidität) einer Krankheit werden in der Epidemiologie zwei grundlegende Maßzahlen unterschieden, die *Prävalenz* (siehe Abschnitt 4.1.1) und die *Inzidenz* (siehe Abschnitt 4.1.2).

4.1 Messung der Krankheitshäufigkeit

4.1.1 Prävalenz

Die *Prävalenz* gibt die Wahrscheinlichkeit an, dass eine zufällig ausgewählte Person einer Population an einem definierten Stichtag an der betrachteten Krankheit erkrankt ist. Liegt an diesem Stichtag eine Population der Größe N vor und sind in dieser Gruppe M Personen erkrankt, so ergibt sich die Prävalenz P als Quotient der Anzahl M der Personen mit Krankheit zu der Populationsgröße N am Stichtag

$$P = \frac{M}{N}. \tag{4.1}$$

Die Prävalenz ist somit eine sogenannte Gliederungszahl (Prozentzahl) und als Anteil (Proportion) Erkrankter an der Gesamtpopulation interpretierbar und gilt als Zustandsbeschreibung einer Krankheit. In dieser Krankheitszustandsbeschreibung hat die Prävalenz insbesondere ihre Bedeutung im Zusammenhang mit der Beurteilung von präventiven Maßnahmen, denn hier kann direkt der aktuelle Krankenstand abgelesen werden (KREIENBROCK & SCHACH (2005, S. 10)).

4.1.2 Inzidenz

Als *Inzidenz* einer Krankheit bezeichnet man die Anzahl der neu an einer betrachteten Krankheit erkrankten Personen, die in einem bestimmten Zeitraum in einer definierten Population auftreten. Die Inzidenz gibt die Wahrscheinlichkeit an, dass eine zufällig ausgewählte Person der Population innerhalb einer zeitlich begrenzten Periode Δ (zum Beispiel ein Kalenderjahr) an einer Krankheit neu erkranken wird. Liegt zu Beginn dieser Periode eine gesunde Population der Größe n vor und erkrankten während der Periode Δ d Personen neu, so errechnet sich die sogenannte Inzidenz I als Quotient

$$I = \frac{d}{n}. \tag{4.2}$$

Setzt man voraus, dass sich die betrachtete Population während der Periode nicht ändert, also keine Geburten, Todesfälle und Wanderungsbewegungen stattfinden und dass Wiedererkrankungen nicht möglich sind, so ist das so definierte Inzidenzmaß ein Anteil und müsste konsequenterweise als Inzidenzquote oder -proportion bezeichnet werden (KREIENBROCK & SCHACH (2005, S. 11)).

4.1.3 Risikopopulation

Maßzahlen der Krankheitshäufigkeit können nur dann korrekt berechnet werden, wenn die Anzahl der untersuchten Personen richtig bestimmt wurde. Im Idealfall umfassen diese Zahlen nur solche Personen, die für die untersuchte Krankheit potenziell anfällig sind (BONITA ET AL. (2008, S.40)).

Die Definition einer solchen Grundgesamtheit (auch Zielpopulation genannt) hängt von der zu untersuchenden Fragestellung ab. Zwei Hauptmerkmale von Populationseinschränkungen sind Geschlecht und Alter, aber weitere Ein- und Ausschlusskriterien können je nach Krankheitsbild auch speziell definierte Risikogruppen sein.

4.2 Vergleich von Erkrankungshäufigkeiten

4.2.1 Standardisierung

Die *Standardisierung* ist ein rechentechnisches Instrument, das auf mathematischem Wege die Vergleichbarkeit von Gruppen gewährleistet KREIENBROCK & SCHACH (2005, S.37). Der Strukturunterschied der Bevölkerung kann zum Beispiel bezüglich des Alters, des Geschlechts und/oder anderer Merkmale bestehen.

Man unterscheidet die direkte und die indirekte Standardisierung. Diese beiden Methoden ermöglichen einen unverzerrten Vergleich von Populationen mit zum Beispiel unterschiedlicher Altersstruktur. Hierbei wird unterstellt, dass die Altersstruktur in der Studienpopulation genauso ist wie in einer vorher definierten Standardpopulation.

In Tabelle 4.1 finden sich die Informationen, die für eine Standardisierung beispielsweise nach dem Alter erforderlich sind.

Altersklasse k	Studienpopulation		Standardpopulation*	
	Fälle d_k	Bevölkerungsanteil n_k	Fälle d_k^*	Bevölkerungsanteil n_k^*
1	d_1	n_1	d_1^*	n_1^*
2	d_2	n_2	d_2^*	n_2^*
$\vdots$	$\vdots$	$\vdots$	$\vdots$	$\vdots$
k	d_k	n_k	d_k^*	n_k^*
$\vdots$	$\vdots$	$\vdots$	$\vdots$	$\vdots$
l	d_l	n_l	d_l^*	n_l^*

Tabelle 4.1: Daten zur Standardisierung der Inzidenzrate einer Studienpopulation nach einer Standardpopulation* (Quelle: KREIENBROCK & SCHACH (2005, S.38)). l bezeichnet die Anzahl der Altersklassen, d_k die Anzahl von Fällen pro Altersklasse und n_k den Bevölkerungsanteil pro Altersklasse.

Mit diesen Informationen lässt sich die rohe Inzidenzrate der Studienpopulation pro 100.000 Einwohner durch

$$I = \frac{d}{n} * 100000 = \frac{\sum_{k=1}^{l} d_k}{\sum_{k=1}^{l} n_k} * 100000,$$

berechnen. Mithilfe der altersspezifischen Inzidenzraten

$$I_k = (d_k/n_k) * 100000, k = 1, \ldots, l,$$

kann man die rohe Inzidenzrate auch wie folgt ausdrücken

$$I = \sum_{k=1}^{l} W_k * I_k, \qquad (4.3)$$

wobei $W_k = n_k / \sum_{i=1}^{l} n_i$ den Anteil der k-ten Altersgruppe an der Population beschreibt, $k = 1, \ldots, l$.

Diese Darstellung der Inzidenzrate I zeigt, dass sie aus den altersspezifischen Raten I_k berechnet werden kann, indem man diese mit der Altersstruktur der Bevölkerung gewichtet. Die Inzidenzrate ist somit von der Altersstruktur abhängig.

Direkte Altersstandardisierung Unter direkter Altersstandardisierung versteht man die Berechnung von vergleichbaren aggregierten Inzidenzraten $\hat{I}_{st}$ (standardisierten Inzidenzen) durch Bezug auf eine Standardverteilung der Personenjahre auf die Altersklassen. Der Vergleich von standardisierten Inzidenzen erfolgt durch Bildung der Differenz $I_{st} - I^*$ oder relativ durch Bildung des Quotienten $\frac{I_{st}}{I^*}$, mit $I^* = \sum_{k=1}^{l} W_k^* \cdot I_k^*$. Dieser Quotient wird als *Comparative Incidence Figure* (kurz CIF) bezeichnet.

Der oben beschriebene Zusammenhang zwischen der rohen Inzidenzrate I und den altersspezifischen Raten I_k wird bei der direkten Standardisierung ausgenutzt, indem man bei der Berechnung der Inzidenzrate anstelle der Gewichte W_k der Studienpopulation die Gewichte $W_k^*, k = 1, \ldots, l$, der Standardpopulation * benutzt. Damit erhält man die standardisierte Inzidenzrate nach der direkten Methode durch

$$I_{st} = \sum_{k=1}^{l} W_k^* * I_k, \quad \text{mit} \quad W_k^* = \frac{n_k^*}{\sum_{i=1}^{l} n_i^*}, \quad k = 1, \ldots, l.$$

Man bezeichnet diese Form der Standardisierung als *direkt*, da bei der Berechnung von I_{st} unterstellt wird, dass die Altersstruktur in der Studienpopulation der Altersstruktur in der Standardpopulation entspricht (siehe Tabelle 4.2).

l stratumsspezifische Inzidenzschätzungen der Studienpopulation	$I_1, I_2, \ldots, I_l$
l stratumsspezifische relative Häufigkeiten der Personenjahre oder Standardpopulation (Standardgewichte)	$w_1^*, w_2^*, \ldots, w_l^*$
Standardisierte Inzidenz	$I_{st} = w_1^* I_1 + w_2^* I_2 + \cdots + w_l^* I_l$
Standardabweichung	$SE(I_{st}) = \sqrt{\sum_{k=1}^{l} w_k^{*2} d_k / n_k^2}$ d_k Fallkzahl in Stratum k n_k Personenjahre in Stratum k
Approximatives $(1-\alpha)$-Konfidenzintervall für I_{st}	$I_{st} \pm \mu_{1-\alpha/2} SE(I_{st})$

Tabelle 4.2: Direkte Standardisierung (Quelle: GIANI (2009)).

Indirekte Altersstandardisierung Im Gegensatz zur direkten Methode werden bei der indirekten Standardisierung zunächst die stratumsspezifischen (altersspezifischen) Inzidenzen der Standardpopulation $\hat{I}_k$ auf die Studienpopulation angewendet. Das Ergebnis ist eine unter dem Inzidenzmuster der Standardpopulation für die Studienpopulation erwartete Anzahl von Ereignissen. Im nächsten Schritt wird die beobachtete Anzahl von Ereignissen in der Studienpopulation durch die in der Standardpopulation erwartete Anzahl dividiert. Der berechnete Quotient hat den Namen *Standardisierte Inzidenzratio* (kurz SIR).

Die altersspezifischen Inzidenzraten der Standardbevölkerung sind

$$I_k^* = \left(\frac{d_k^*}{n_k^*}\right) \cdot 100000, k = 1, \ldots, l.$$

Die Standardisierung

$$I_{erw} = \sum_{k=1}^{l} W_k \cdot I_k^*, \tag{4.4}$$

gibt die Inzidenzrate an, die man in der Studienpopulation erwarten würde, wenn das Inzidenzverhalten das gleiche wäre wie in der Standardbevölkerung. Diese Form der Standardisierung wird als indirekt bezeichnet (siehe Tabelle 4.3).

l stratumsspezifische Ereignisanzahlen in der Studienpopulation	$d_1, d_2, \ldots, d_l$
l stratumsspezifische Personenjahre in der Studienpopulation	$n_1, n_2, \ldots, n_l$
l stratumsspezifische Inzidenzschätzungen der Standardpopulation	$I_1^*, I_2^*, \ldots, I_l^*$
Schätzung der standardisierten Inzidenzrate (SIR)	$\widehat{SIR} = \frac{d_1 + d_2 + \cdots + d_k}{n_1 I_1^* + n_2 I_2^* + \cdots + n_k I_k^*} = \frac{D}{E^*}$
Schätzung der standardisierten Inzidenzrate (SIR)	$SE(\widehat{SIR}) = \sqrt{D/E^*}$
Approximatives $(1-\alpha)$- Konfidenzintervall für SIR	$\widehat{SIR} \pm \mu_{1-\alpha/2} SE(\widehat{SIR})$

Tabelle 4.3: Indirekte Standardisierung (Quelle: GIANI (2009)).

In der vorliegenden Arbeit wird die indirekte Standardisierte Inzidenzratio (SIR) in Abschnitt 4.3.2 berechnet, um zu prüfen, ob Frauen und Männer das gleiche Risiko an Denguefieber zu erkranken besitzen.

4.2.2 Kontingenztafeln

Kontingenztafeln werden hier verwendet, um herauszufinden, ob ein Zusammenhang zwischen Exposition und Krankheit besteht. Für jede Person einer Population vom Umfang n wird An- oder Abwesenheit einer Exposition und der Krankheitsstatus bezüglich einer interessierenden Krankheit festgestellt. Jede Person kann dann in eine der vier möglichen Kategorien "krank und exponiert" (n_{11}), "krank und nicht exponiert" (n_{10}), "gesund und exponiert" (n_{01}), sowie "gesund und nicht exponiert" (n_{00}) eingeordnet werden. Die Ergebnisse werden in einer Vierfeldertafel aufgeführt (siehe Tabelle 4.4).

	exponiert (E=1)	nicht exponiert (E=0)	Summe
Krank (K=1)	n_{11}	n_{10}	$n_{1.} = n_{11} + n_{10}$
Gesund (K=0)	n_{01}	n_{00}	$n_{0.} = n_{01} + n_{00}$
Summe	$n_{.1} = n_{11} + n_{01}$	$n_{.0} = n_{10} + n_{00}$	$n = n_{..}$

Tabelle 4.4: Beobachtete Anzahlen von Kranken, Gesunden, Exponierten und Nicht-Exponierten in einer Kontingenztafel.

Um die Abhängigkeitsanalyse durchzuführen werden folgende Hypothesen getestet. Die Nullhypothese

H_0: Exposition und Krankheitsstatus sind unabhängig

gegen die Alternativhypothese

H_1: Exposition und Krankheitsstatus sind abhängig.

Zur Überprüfung der Hypothese wird der χ^2-Test verwendet. Dabei wird die Teststatistik

$$T = \frac{n(n_{11} * n_{00} - n_{10} * n_{01})^2}{n_{1.} * n_{.1} * n_{.0} * n_{0.}}, \quad (4.5)$$

verwendet. Die Statistik T ist unter H_0 für hinreichend große n approximativ χ^2-verteilt mit einem Freiheitsgrad. Die Nullhypothese wird abgelehnt falls $T > \chi^2_{1-\alpha,1}$.

Diese Überlegungen dienen zur Feststellung des unterschiedlichen Risikos für Kinder und Erwachsene, welches in Abschnitt 4.3.2 dargelegt wird.

Nach den vorgestellten Definitionen und den anzuwendenden Methoden erfolgt im folgenden Abschnitt 4.3 die statistische Auswertung des Datenmaterials aus Kapitel 3 und die Beschreibung der Ergebnisse diese statistische Auswertungen.

4.3 Statistische Auswertung und Ergebnisse

In Guayaquil wurden insgesamt 4328 Fälle von klassischem und 536 von hämorrhagischem Denguefieber im Zeitraum 2005 − 2009 erfasst. Dabei sind beim klassischen Denguefieber 50, 2% Frauen und 49, 8% Männer und beim hämorrhagischen Denguefieber 50, 6% Frauen und 49, 4% Männer betroffen. Alle Altersgruppen sind darin eingeschlossen.

Frauen sind im Durchschnitt geringfügig älter als die Männer, was vermutlich mit der höheren Lebenserwartung von Frauen im Vergleich zu Männern zusammenhängt (siehe Tabelle 4.6). Der Altersmittelwert der Frauen liegt bei 18, 4 Jahren (mit einer Standardabweichung von 16, 1), und der der Männer bei 17, 3 Jahren (mit einer Standardabweichung von 15, 1). Diese Mittelwerte zeigen im Verlauf des Untersuchungszeitraumes geringe Veränderungen von Jahr zu Jahr (vgl. Abbildung 4.1).

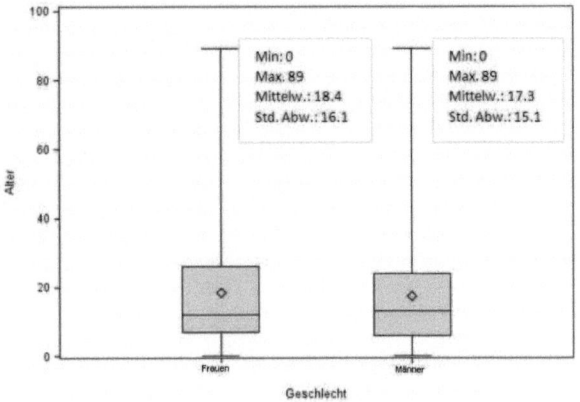

(a) Stratifizierte Altersverteilung nach Geschlecht

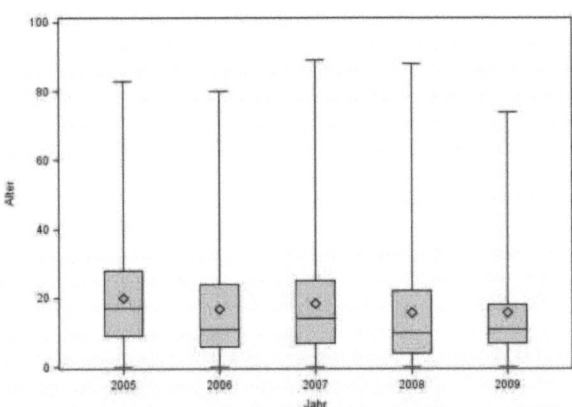

(b) Stratifizierte Altersverteilung pro Jahr

Abbildung 4.1: Altersverteilung nach Geschlecht und pro Jahr von Personen, die in Guayaquil, Ecuador, in der Zeit von 2005 bis 2009 an klassischem Dengefieber erkrankten.

4.3.1 Inzidenz

In diesem Abschnitt werden die Inzidenzen von klassischem (4328 Fälle) und hämorrhagischem (536 Fälle) Denguefieber stratifiziert nach Geschlecht und Alter berechnet und dargestellt.

Inzidenz nach Geschlecht Tabelle 4.5 stellt die gemeldeten Fallzahlen und die rohen Inzidenzen (Fallzahl bezogen auf die Bevölkerung Guayaquils) beider betrachteten Krankheiten nach Geschlecht dar. Die Daten sind für Männer (M) und Frauen (W) getrennt und für Männer und Frauen (M+W) zusammen abgebildet.

	Klassisches Denguefieber			Hämorrhagisches Denguefieber		
	W	M	W+M	W	M	W+M
Fallzahl	2171	2157	4328	271	265	536
Einwohnerzahl	1040598	999191	2039789	1040598	999191	2039789
Rohe Inzidenz pro 1000 Einwohner	2,09	2,16	2,12	0,26	0,27	0,26

Tabelle 4.5: Inzidenz von klassischem und hämorrhagischem Denguefieber stratifiziert nach Geschlecht im Zeitraum 2005 – 2009 in Guayaquil, Ecuador (W: Weiblich, M: Männlich).

Die Inzidenz (pro 1000 Einwohner) von klassischem und hämorrhagischem Denguefieber in Guayaquil liegt bei $2,12$ (klassisch) und $0,26$ (hämorrhagisch) insgesamt, für Frauen bei $2,09$ (klassisch) und $0,26$ (hämorrhagisch) und für Männer bei $2,16$ (klassisch) und $0,27$ (hämorrhagisch). Diese Zahlen zeigen keinen großen Unterschied zwischen Männern und Frauen. Allerdings zeigen sich zwischen den einzelnen Beobachtungsjahren (2005 – 2009) Veränderungen, wie in der Abbildung 4.2 dargestellt wird.

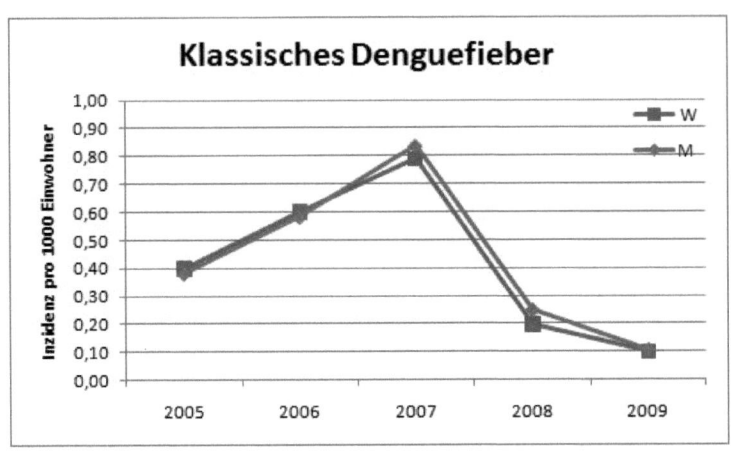

(a) Klassisches Denguefieber.

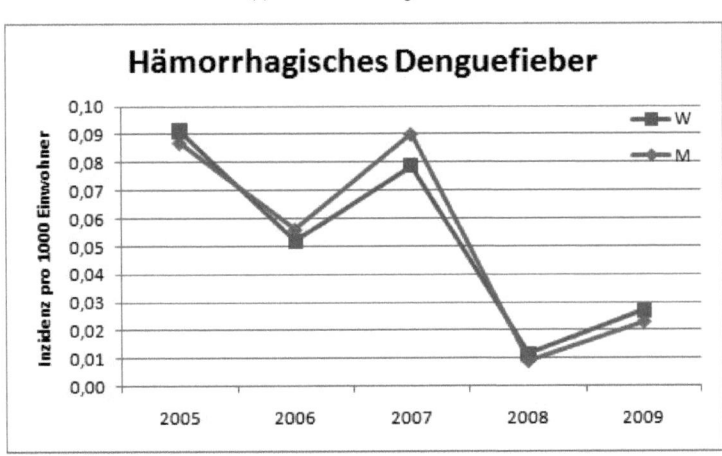

(b) Hämorrhagisches Denguefieber.

Abbildung 4.2: Verlauf der Inzidenz von klassischem und hämorrhagischem Denguefieber im Zeitraum 2005 – 2009.

Die Inzidenz weist für beide Geschlechter einen ähnlichen Verlauf mit einer starken Steigerung im Jahr 2007 für beide Krankheiten auf.

Fallzahl nach Alter Zur Analyse, ob die Inzidenz von Denguefieber in bestimmten Altersgruppen größer ist als in anderen werden die gemeldeten Fälle nach Alter in Klassen von jeweils 5 Jahren zusammengestellt. Die Abbildung 4.3 stellt die Fallzahlen des klassischen und hämorrhagischen Denguefiebers nach Geschlecht und Altersgruppe im Zeitraum 2005 – 2009 dar.

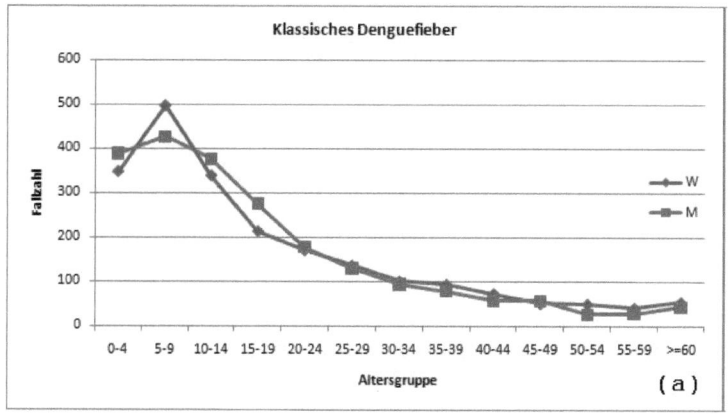

(a) Fallzahl von klassischem Denguefieber.

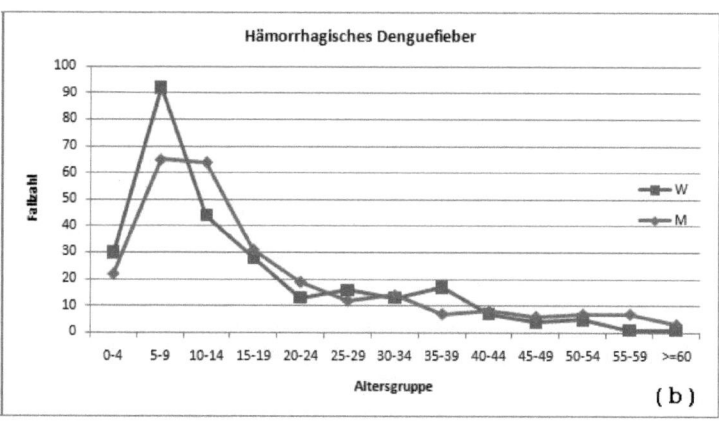

(b) Fallzahl von hämorrhagischem Denguefieber.

Abbildung 4.3: Verlauf der gemeldeten Fälle von klassischem (a) und hämorrhagischem (b) Denguefieber nach Altersgruppe und Geschlecht im Zeitraum 2005 – 2009.

Beide Grafiken weisen eine hohe Fallzahl bei Mädchen im Alter zwischen 5 und 9 Jahren auf. Ab dieser Altersgruppe geht die Anzahl der Fälle kontinuierlich zurück. Die Entwicklung der betrachteten Krankheiten in den einzelnen Jahren (2005 – 2009) wird getrennt nach Geschlecht in der Abbildungen 4.4 und 4.5 dargestellt.

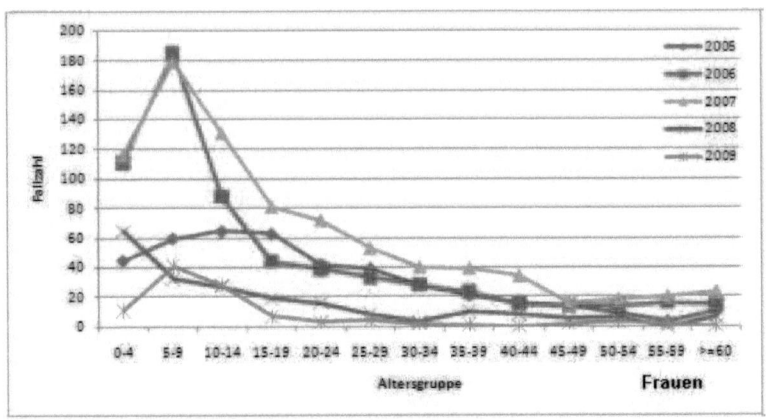

(a) Frauen mit klassischem Denguefieber nach Altersgruppe

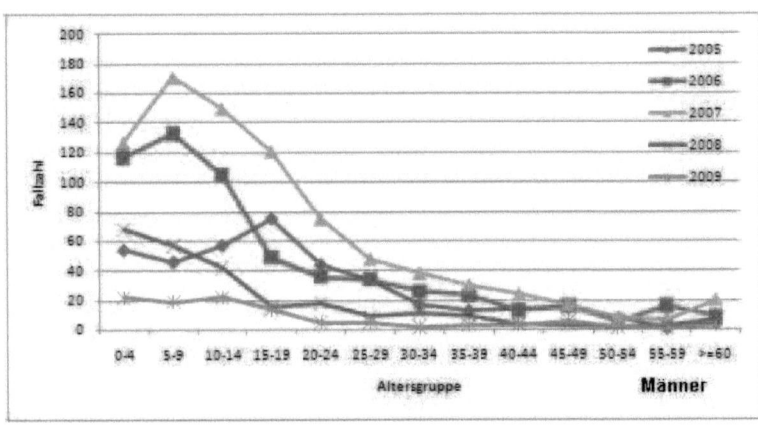

(b) Männer mit klassischem Denguefieber nach Altersgruppe

Abbildung 4.4: Entwicklung der Fallzahl von klassischem Denguefieber nach Altersgruppe bei Frauen und bei Männern im Zeitraum 2005 – 2009.

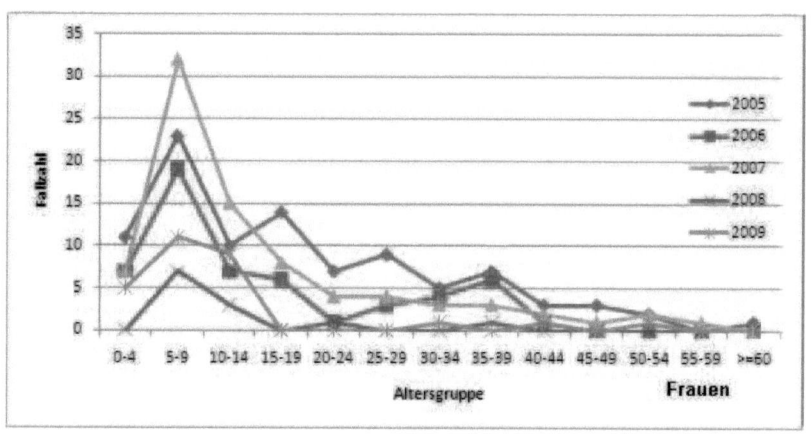

(a) Frauen mit hämorrhagischem Denguefieber nach Altersgruppe

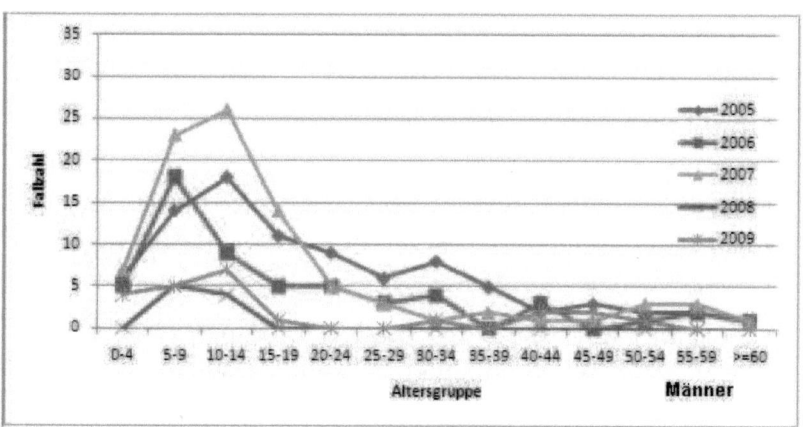

(b) Männer mit hämorrhagischem Denguefieber nach Altersgruppe

Abbildung 4.5: Entwicklung der Fallzahl von hämorrhagischem Denguefieber nach Altersgruppe bei Frauen und bei Männern im Zeitraum 2005 – 2009.

Bei Abbildungen 4.4 und 4.5 weichen die Fallzahlkurven der einzelnen Jahre stark voneinander ab und es zeigt sich mit zunehmendem Alter ein kontinuierlicher Abstieg. Die maximalen Inzidenzen zeigen sich bei Frauen im Alter zwischen 0 und 14 Jahren und bei Männern zwischen 0 und 19. Für alle Beobachtungsjahre ist die Fallzahl bei Frauen in der Altersgruppe 5 – 9 Jahre und bei Jungen im Alter zwischen 10 und 14 auffällig hoch.

Inzidenz für das klassische Denguefieber nach Geschlecht und Alter Zur Berechnung der Inzidenz von klassischem Denguefieber wird die Gleichung 4.2 verwendet. Die Ergebnisse sind in Tabelle 4.6 zusammengefasst.

Altersgruppe	Gemeldete Fälle			Einwohnerzahl			Inzidenz pro 1000 E.		
in Jahre	W	M	Gesamt	W	M	Gesamt.	W	M	Gesamt
0 – 4	348	388	736	97623	100887	198510	3,56	3,85	3,71
5 – 9	497	426	923	100072	102365	202437	4,97	4,16	4,56
10 – 14	339	376	715	99004	99708	198712	3,42	3,77	3,60
15 – 19	214	275	489	100657	95237	195894	2,13	2,89	2,50
20 – 24	172	178	350	109840	103834	213674	1,57	1,71	1,64
25 – 29	137	130	267	90137	84755	174892	1,52	1,53	1,53
30 – 34	101	94	195	82230	79668	161898	1,23	1,18	1,20
35 – 39	94	78	172	76497	70032	146529	1,23	1,11	1,17
40 – 44	73	58	131	66117	63659	129776	1,10	0,91	1,01
45 – 49	51	57	108	52148	49750	101898	0,98	1,15	1,06
50 – 54	50	26	76	41494	39726	81220	1,20	0,65	0,94
55 – 59	41	28	69	29251	27095	56346	1,40	1,03	1,22
60+	54	43	97	95528	82475	178003	0,57	0,52	0,54
Gesamt	2171	2157	4328	1040598	999191	2039789	2,09	2,16	2,12

Tabelle 4.6: Gemeldete Fälle, Population und Inzidenz von klassischem Denguefieber nach Altersstruktur in Guayaquil, Ecuador (Erhebungszeitraum: 2005 – 2009), (E=Einwohnerzahl).

Die Inzidenz (RI) ist getrennt nach Geschlecht und Altersstruktur in der Abbildung 4.6 graphisch dargestellt.

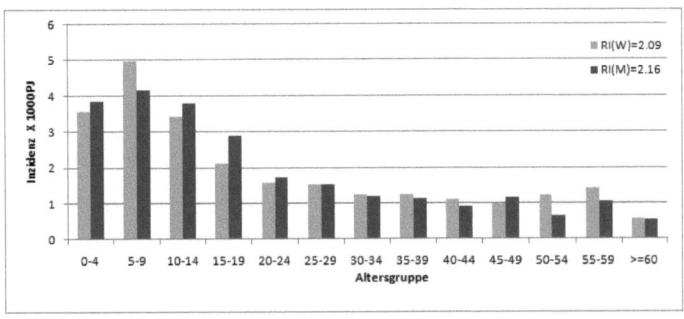

Abbildung 4.6: Altersspezifische Inzidenz (RI) von klassischem Denguefieber nach Altersstruktur und Geschlecht.

Mit Ausnahme der Altersklasse 5 − 9, in der die Mädchen eine höhere Inzidenz haben als Jungen, sind die Inzidenzen für Jungen und jungen Erwachsene bis 20 Jahre höher als bei weiblichen Personen. Für die weiteren Altersklassen sind die Inzidenzen für Männer und Frauen nahezu identisch. Nur in den Altersklassen 50 − 54 und 55 − 59 haben Frauen eine höhere Inzidenz als die Männer.

Beim klassischen Denguefieber verhalten sich die Inzidenzen zwischen den Geschlechtern der einzelnen Altersgruppe sehr homogen. Allerdings zeigt sich eine hohe Inzidenz bei Kindern zwischen 5 und 9 Jahren, wobei die höhere Rate (4, 97) bei Mädchen liegt.

Inzidenz des hämorrhagischen Denguefiebers Die Inzidenz von hämorrhagischem Denguefieber wurde in der Tabelle 4.7 für die verschiedenen Altersgruppen zusammengefasst und in der Abbildung 4.7 graphisch dargestellt.

Altersgruppe in Jahre	Gemeldete Fälle			Einwohnerzahl			Inzidenz pro 1000 E.		
	W	M	Gesamt	W	M	Gesamt	W	M	Gesamt
0 − 4	30	22	52	97623	100887	198510	0,31	0,22	0,26
5 − 9	92	65	157	100072	102365	202437	0,92	0,63	0,78
10 − 14	44	64	108	99004	99708	198712	0,44	0,64	0,54
15 − 19	28	31	59	100657	95237	195894	0,28	0,33	0,30
20 − 24	13	19	32	109840	103834	213674	0,12	0,18	0,15
25 − 29	16	12	28	90137	84755	174892	0,18	0,14	0,16
30 − 34	13	14	27	82230	79668	161898	0,16	0,18	0,17
35 − 39	17	7	24	76497	70032	146529	0,22	0,10	0,16
40 − 44	7	8	15	66117	63659	129776	0,11	0,13	0,12
45 − 49	4	6	10	52148	49750	101898	0,08	0,12	0,10
50 − 54	5	7	12	41494	39726	812206	0,12	0,18	0,15
55 − 59	1	7	8	29251	27095	56346	0,03	0,26	0,14
60+	1	3	4	95528	82475	178003	0,01	0,04	0,02
Gesamt	271	265	536	1040598	999191	2039789	0,26	0,27	0,26

Tabelle 4.7: Gemeldete Fälle, Population und Inzidenz des hämorrhagischen Denguefiebers nach Geschlecht und Altersstruktur in Guayaquil, Ecuador (Erhebungszeitraum: 2005 − 2009 E=Einwohnerzahl).

Die höchste Inzidenz von hämorrhagischem Denguefieber liegt um 0, 92, welche sich bei Mädchen zwischen 5 und 9 Jahren ergibt. Die höchste Rate für männliche Personen (0, 64) ergibt sich bei Jungen zwischen 10 und 14 Jahren. Dieses Ergebnis bestätigt teilweise die bereits erwähnten Ergebnisse von WELLMER (1983, S.5) und GATRELL & ELLIOTT (2009, S.229). Sie stellen fest, dass insbesondere Kinder zwischen 2 und 13 Jahre an hämorrhagischem Denguefieber erkranken. Hierbei weisen die Werte auf keine erhöhte Inzidenz bei Kindern unter 5 Jahre hin (vgl. Tabelle 4.7).

Zu Auswertungen der Erkrankungshäufigkeiten des Denguefiebers wird neben den Berechnungen der altersspezifischen Inzidenzen auch das standardisierte Inzidenzverhältnis (SIR) verwendet.

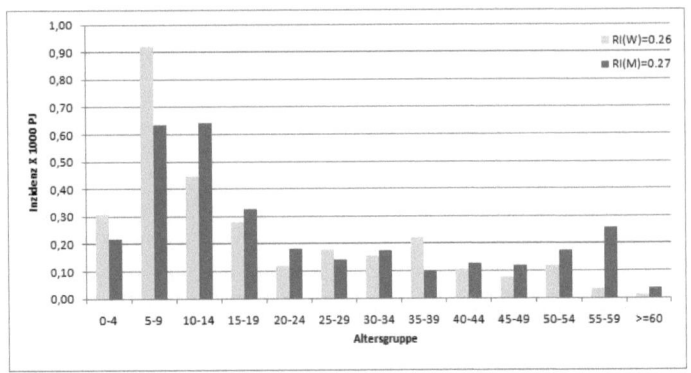

Abbildung 4.7: Altersspezifische Inzidenz (RI) von hämorrhagischem Denguefieber nach Altersgruppe und Geschlecht.

4.3.2 Standardisierte Inzidenzratio

Die *standardisierte Inzidenzratio* (SIR) ergibt sich aus dem Quotienten von beobachteter und erwarteter Erkrankungszahl. Die erwarteten Werte berechnen sich aus der Zahl der Einwohner in den einzelnen Altersgruppen (unter Einjährige bis 5 jährige, 5 bis 10 jährige, 10 bis 15 jährige, usw.) multipliziert mit den altersspezifischen Inzidenzen der Standardpopulation (GIANI (2009)).

Deskriptive Fragestellung
Ausgangspunkt: Bezugspopulation von Personen unter Risiko (Bevölkerung in Guayaquil).
Methode: Die indirekte standardisierte Inzidenzratio (SIR).
Ziel: Vergleichbarkeit von Gruppen (Geschlecht und Altersstruktur).

Ätiologische Fragestellung
Ausgangspunkt: Exponierte Personen (Weibliche und Kinder).
Vergleichsgruppe: Nicht-exponierte Personen (Männlich, Jugendliche und Erwachsene).
Methode: (1) Berechnung der Inzidenzen von Denguefieber für die Gruppe der Exponierten und die der nicht-Exponierten.
                   (2) Vergleich dieser Inzidenzen durch Berechnung der SIR.

Standardisierte Inzidenzrate für das klassische Denguefieber Hierfür wird die Nullhypothese

H_0: Frauen und Männer besitzen das gleiche Risiko an klassischem Denguefieber zu erkranken,

gegen die Alternativhypothese

H_1: Das Risiko an klassischem Denguefieber zu erkranken unterscheidet sich zwischen

Männern und Frauen, getestet.

Liegt der Wert 1 nicht im Konfidenzintervall (KI) für SIR, wird H_0 abgelehnt und die Gegenhypothese H_1 angenommen. Liegt der Wert 1 dagegen im KI, kann die Nullhypothese nicht abgelehnt werden.

Zur Anwendung der SIR wird die männliche Bevölkerung in Guayaquil als Standardpopulation eingesetzt und mit den gemeldeten Fällen von Frauen als Studienpopulation verglichen (siehe Tabelle 4.8).

Altersklassen	Standard Population (Männer)			Studien Population (Frauen)			Erw. Fälle
	Fälle d_0	Einwohner n_0	Beo. Inz. λ_0	Fälle d_1	Einwohner n_1	Beo. Inz. λ_1	W
0 − 4	388	100887	3,85	348	97623	3,56	375
5 − 9	426	102365	4,16	497	100072	4,97	416
10 − 14	376	99708	3,77	339	99004	3,42	373
15 − 19	275	95237	2,89	214	100657	2,13	291
20 − 24	178	103834	1,71	172	109840	1,57	188
25 − 29	130	84755	1,53	137	90137	1,52	138
30 − 34	94	79668	1,18	101	82230	1,23	97
35 − 39	78	70032	1,11	94	76497	1,23	85
40 − 44	58	63659	0,91	73	66117	1,10	60
45 − 49	57	49750	1,15	51	52148	0,98	60
50 − 54	26	39726	0,65	50	41494	1,20	27
55 − 59	28	27095	1,03	41	29251	1,40	30
60+	43	82475	0,52	54	95528	0,56	50
Gesamt.	2157	999191	2,16	2171	1040598	2,09	2192

Tabelle 4.8: Standardisierte Inzidenzratio des klassischen Denguefiebers nach Altersstruktur (Erhebungszeitraum: 2005 − 2009).

Statistische Zusammenfassung Die Inzidenz für Männer liegt bei $I_M = 2,09$ und für Frauen bei $I_F = 2,16$. Die standardisierte Inzidenzratio beträgt $SIR = 0,97$.

Die SIR von $0,97$ bedeutet, dass bei Frauen weniger Erkrankungsfälle beobachtete wurden als mit der Erkrankungsrate der Männer zu erwarten waren. Zur Beurteilung der SIR werden 95% (obere und untere) Konfidenzintervalle berechnet.

Eine SIR gilt als statistisch signifikant, wenn das zugehörige Konfidenzintervall den Wert 1 nicht einschließt. Es ergibt sich eine Standardabweichung von SE = $0,02$ und das 95%-Konfidenzintervall für die SIR ist gegeben durch $[0,95;1,03]$. Da die 1 im Konfidenzintervall liegt, kann die Nullhypothese nicht abgelehnt werden, das heißt das Erkrankungsrisiko von klassischem Denguefieber unterscheidet sich nicht signifikant zwischen Männern und Frauen.

Standardisierte Inzidenzrate für das hämorrhagische Denguefieber Hierfür wird die Nullhypothese

H_0: Frauen und Männer besitzen das gleiche Risiko an hämorrhagischem Denguefieber zu erkranken,

gegen die Alternativhypothese

H_1: Das Risiko an hämorrhagischem Denguefieber zu erkranken unterscheidet sich zwischen Männern und Frauen,

getestet (siehe Tabelle 4.9).

Altersklassen	Standard Population (Männer)			Studien Population (Frauen)			Erw. Fälle
	Fälle	Einwohner	Beo. Inz.	Fälle	Einwohner	Beo. Inz.	
	d_0	n_0	λ_0	d_1	n_1	λ_1	W
0 − 4	22	100887	0,22	30	97623	0,31	21
5 − 9	65	102365	0,63	92	100072	0,92	64
10 − 14	64	99708	0,64	44	99004	0,44	64
15 − 19	31	95237	0,33	28	100657	0,28	33
20 − 24	19	103834	0,18	13	109840	0,12	20
25 − 29	12	84755	0,14	16	90137	0,18	13
30 − 34	14	79668	0,18	13	82230	0,16	14
35 − 39	7	70032	0,10	17	76497	0,22	8
40 − 44	8	63659	0,13	7	66117	0,11	8
45 − 49	6	49750	0,12	4	52148	0,08	6
50 − 54	7	39726	0,18	5	41494	0,12	7
55 − 594	7	27095	0,26	1	29251	0,03	8
60+	3	82475	0,04	1	95528	0,01	3
Gesamt.	265	999191	0,26	271	1040598	0,26	269

Tabelle 4.9: Standardisierte Inzidenzratios des hämorrhagischen Denguefiebers nach Altersstruktur (Erhebungszeitraum: 2005 − 2009).

Statistische Zusammenfassung Die Inzidenz für Männer liegt bei $I_M = 0,27$ und für Frauen bei $I_F = 0,26$. Die standardisierte Inzidenzratio beträgt $SIR = 1,01$.

Die Berechnung ergibt eine SIR von $1,007$, was sehr nah an der 1 liegt, was auf ein gleiches Risiko für eine Erkrankung an hämorrhagischem Denguefieber für Männer und Frauen hindeutet. Zur Beurteilung der SIR gilt dieselbe Prozedur wie bei klassischem Denguefieber. Es ergibt sich eine Standardabweichung von $SE = 0,06$ und damit das Konfidenzintervall $[0,89; 1,13]$.

Da ebenfalls die 1 im Konfidenzintervall liegt, kann H_0 nicht abgelehnt werden. Das heißt, dass das Erkrankungsrisiko von hämorrhagischem Denguefieber sich ebenfalls nicht signifikant zwischen Männern und Frauen unterscheidet.

Die Ergebnisse für die standardisierte Inzidenzratio deuten darauf hin, dass keine statistisch signifikante Differenz zwischen Frauen und Männern besteht (siehe Abschnitt

4.3.1). Ein ähnliches Ergebnis fanden GUHA-SAPIR & SCHIMMER (2005), die die Veränderung der epidemiologischen Verhältnisse von Denguefieberfällen in Bezug auf Wirt und gesellschaftliche Faktoren untersuchten. Sie schließen, dass in Südamerika beide Geschlechter gleich häufig betroffen sind.

Im folgenden Abschnitt soll unter Anwendung von Kontingenztafeln statistisch belegt werden, ob Kinder ein höheres Krankheitsrisiko für klassisches Denguefieber haben als Erwachsene.

4.3.3 Kontingenztafeln

Um zu prüfen, ob sich die Inzidenz der Altersgruppe 5 − 9 Jahre von den Inzidenzen anderer Altersgruppen statistisch signifikant unterscheidet, wurden Kontingenztafeln erstellt. Da sich die Inzidenz ab der Altersgruppe 25 − 29 kaum weiter verändert, wurden diese Fälle zur Altersgruppe 25+ zusammengefasst. Die Daten zur Auswertung stammen aus Tabelle 4.6.

Tabelle 4.10 ist ein Beispiel für eine Kontingenztafel zum Vergleich von Kindern zwischen 5 und 9 Jahren und Kindern unter 5 Jahren.

	5 − 9 Jahre	< 5 Jahre	
Fälle	923	736	**1659**
Population	202437	198510	**400947**
	203360	**199246**	**402606**

Tabelle 4.10: Kontingenztafel für Kinder zwischen 5 und 9 Jahre und Kinder unter 5 Jahre.

Die Ergebnisse dieser Analyse wurden in Tabelle 4.11 zusammengefasst.

	OR	95% KI	χ^2
Kinder unter 5 Jahre	1,23	$[1,12 - 1,35]$	17,504
Kinder zwischen 10 bis 14 Jahre	1,28	$[1,15 - 1,38]$	22,601
Jugendlichen zwischen 15 bis 19 Jahre	1,83	$[1,64 - 2,04]$	119,134
Erwachsene zwischen 20 bis 24 Jahre	2,78	$[2,46 - 3,15]$	289,098
Erwachsene älter als 25 Jahre	4,21	$[3,86 - 4,59]$	1233,015

Tabelle 4.11: Ergebnisse der Vergleiche der Altersgruppe 5 bis 9 Jahre mit den anderen Altersgruppen mittels Kontingenztafeln.

Die *Odds-Ratio* (OR) für Kinder zwischen 5 und 9 Jahren zu Kinder unter 5 Jahren hat den Wert $OR = 1,23$. Das heißt, dass Kinder zwischen 5 und 9 Jahren eine um 23% höhere Chance (*Risiko*) haben am klassischen Denguefieber zu erkranken. Das

Konfidenzintervall $[1,12;1,35]$ enthält den Wert 1 nicht. Der Wert der Testgröße für den Chi-Quadrat-Test $T = 12,50$ ist größer als das $97,5\%$ Quantil der χ^2-Verteilung mit 1 Freiheitsgrad $\chi^2_{0,975;1} = 3,84$. Damit kann die Nullhypothese OR=1 abgelehnt werden.

Bei der vorausgegangenen epidemiologischen Analyse wurde mit verschiedenen Methoden Kinder und Jugendliche als besonders gefährdet durch das Denguefieber erkannt. Dabei sind Mädchen im Alter von 5 bis 9 Jahren bereits im jüngeren Alter und Jungen besonders im Alter zwischen 10 und 14 betroffen. Dafür gibt es bisher keine plausible Ursachenerklärung.

Nach dieser altersbezogenen Gefährdungskennzeichnung soll nun im folgenden Kapitel 5 das jahreszeitliche Auftreten des Denguefiebers in Abhängigkeit von klimatischen Abläufen untersucht werden.

Kapitel 5

Zeitreihenanalyse

Im vorliegenden Kapitel wird der *Box-Jenkins-Ansatz* angewendet, um das Verlaufsmuster der Denguefieberfälle im Zeitraum 2005 − 2008 in Guayaquil, Ecuador, zu untersuchen (siehe Abschnitt 5.5.1). Darüber hinaus wird der Zusammenhang zwischen Klima und dem Ausbruch von Denguefieberfällen in diesem Untersuchungsgebiet analysiert (siehe Abschnitt 5.5.2).

Die angestrebten Ziele dieses Kapitels sind:

- Analyse und Beschreibung der Verlaufsmuster der auftretenden Fälle von Denguefieber zur Bestimmung von möglichen Ansteckungszeiträumen,

- Untersuchung der Korrelation zwischen Krankheitsverlauf als abhängige Variable und Klimakenngrößen als unabhängige Variablen,

- Ableitung eines Vorhersagemodells für das Auftreten von Denguefieber.

Zu diesem Zweck wurden *Saisonale Autoregressive-Integrierte-Moving-Average* Modelle (kurz SARIMA) an die zwischen 2005 und 2008 registrierten Denguefieberfälle angepasst. Die Validierung des abgeleiteten Modells wurde anhand der im Jahr 2009 registrierten Fälle durchgeführt.

Bevor Methoden zur Untersuchung von Zeitreihen vorgestellt werden, wird zunächst auf die theoretischen Grundlagen eingegangen.

5.1 Grundkonzepte der Zeitreihenanalyse

Eine Zeitreihe kann als eine Folge $(Z_t)_{t \in T}$ von zeitlich geordneten Beobachtungswerten einer Größe definiert werden. Für jeden Zeitpunkt t einer Menge T von Beobachtungszeitpunkten liegt dabei genau eine Beobachtung z_t vor. Die Parametermenge T sei hier eine endliche, diskrete Menge von gleichabständigen Zeitpunkten (SCHLITTGEN & STREITBERG (1987, S.1)).

Die Werte einer Zeitreihe seien im Folgenden mit $z_1, z_2, \ldots, z_N$ bezeichnet, wobei sich die Indizes auf Zeitpunkte bzw. Zeitintervalle (wie z.B. Wochen) beziehen. Mit N wird die Länge einer Zeitreihe bezeichnet.

Die statistische Zeitreihenanalyse setzt einerseits voraus, dass die Anzahl der in ihrer zeitlichen Folge beobachteten Merkmalswerte groß ist, andererseits aber auch, dass diese Merkmalswerte homogen, das heißt miteinander vergleichbar sind (BILLETER & VLACH (1981, S.7)).

Die statistische Zeitreihenanalyse verfolgt drei verschiedene Ziele:

1. Strukturen bestimmter Zeitreihen aufzudecken,

2. Entwicklungen solcher Zeitreihen zu untersuchen, um daraus Regelmäßigkeiten abzuleiten,

3. Vorhersage voraussichtlicher zukünftiger Entwicklungen von Zeitreihen.

5.1.1 Komponenten einer Zeitreihe

Bei der zeitbezogenen Analyse wird angenommen, dass eine empirisch gegebene Zeitreihe in vereinfachter Weise durch verschiedene Komponenten gekennzeichnet werden kann, die aus der vorliegenden Zeitreihe zu ermitteln sind. Diese Komponenten sind die

- **Trendkomponente** T, eine langfristige systematische Veränderung des mittleren Niveaus der Zeitreihe,

- **zyklische Schwankung**, einschließlich Saisonkomponente S, eine jahreszeitlich bedingte Schwankungskomponente, die sich relativ unverändert jedes Jahr wiederholt,

- **Zufallskomponente** ϵ, die die Störungen der Daten zusammenfasst.

Komponentenmodelle für Zeitreihen gehen aus Zerlegungen der Form

$$Z_t = T_t + S_t + \epsilon_t \quad \text{(additives Modell)} \qquad (5.1)$$

$$Z_t = T_t \cdot S_t \cdot \epsilon_t \quad \text{(multiplikatives Modell)} \qquad (5.2)$$

hervor. Dabei bezeichnet Z_t den beobachteten Prozess, T_t erfasst die langfristige Veränderung, S_t ist die Saisonkomponente und ϵ_t ist die Zufallskomponente.

In der Regel wird die additive Variante gewählt, wenn die Saisonausschläge über den gesamten Beobachtungsbereich in etwa gleich stark sind. Falls andererseits die Zeitreihe einen Trend aufweist, ist meist ein multiplikatives Komponentenmodell angebracht (SCHLITTGEN (2001, S.17)).

5.1.2 Stationarität

Stationäre stochastische Prozesse können in zwei Gruppen aufgeteilt werden: einerseits *streng stationäre* Prozesse und anderseits *schwach stationäre* Prozesse.

Definition 5.1 (streng stationär)
Ein stochastischer Prozess $(Z_t)_{t \in T}$ heißt *streng stationär*, wenn die gemeinsame Verteilungsfunktion jedes endlichen Systems von Zufallsvariablen $(Z_{t1}, Z_{t2}, \ldots, Z_{tn})$ des Prozesses identisch ist mit der gemeinsamen Verteilungsfunktion des um τ Zeitpunkt verschobenen Systems $(Z_{t1+\tau}, Z_{t2+\tau}, \ldots, Z_{tn+\tau})$ (SCHLITTGEN & STREITBERG (1987, S.83)).

Definition 5.2 (schwach stationär)
Ein stochastischer Prozess $(Z_t)_{t \in T}$ heißt *schwach stationär*, wenn die Erwartungswerte, die Varianzen und die Kovarianzen invariant bleiben gegenüber Verschiebungen entlang der Zeitachse. Das heißt, dass das System der n Zufallsvariablen $(Z_{t1}, Z_{t2}, \ldots, Z_{tn})$ die gleiche Erwartungs- und Konvarianzstruktur wie das um τ Einheiten in der Zeit verschobene System $(Z_{t1+\tau}, Z_{t2+\tau}, \ldots, Z_{tn+\tau})$ hat (BILLETER & VLACH (1981, S.14), SCHLITTGEN & STREITBERG (1987, S.79-80)).

Dies ist gegeben, wenn die Zeitreihe keine systematischen Veränderungen im Gesamtbild aufweist.

Bemerkung *Im Folgenden wird bei schwacher Stationarität von Stationarität gesprochen. Die Stochastischen Prozesse, die nicht als schwach stationär zugeordnet werden können, werden als nicht-stationär bezeichnet.*

In der Praxis sind viele Zeitreihen nicht-stationär, da das Vorliegen eines Trends, einer Saison oder einer nicht konstanten Varianz als Grund ausreicht, um die Annahme der Stationarität zu widerlegen (NAVA (2002, S.429)).

Zur Modellierung von nicht-stationären Zeitreihen wird versucht diese in stationäre Zeitreihen umzuwandeln. Diese Transformation wird durch die Box-Cox-

Transformationen oder eine Trend- und/oder Saisonbereinigung durchgeführt (YAFFEE & MCGEE (2000, S.6)).

5.1.3 Differenzenbildung

Die Differenzenbildung wird angewendet, wenn die gegebene Zeitreihe einen linearen Trend und/oder saisonale Schwankungen aufweist. Die Differenzbildung kann mithilfe des *"Backshift-Operators"* beschrieben werden.

Definition 5.3 (Backshift-Operator)
Als *Shift* oder Backshift-Operator wird der Filter B mit

$$BZ_t = Z_{t-1}, \tag{5.3}$$

bezeichnet (PANDIT & WU (1983, S.80), PANKRATZ (1983, S.96)).

Damit gilt

$$(1-B)Z_t = Z_t - Z_{t-1}. \tag{5.4}$$

Man schreibt auch $\nabla Z_t = Z_t - Z_{t-1}$. Der Filter B verschiebt die Zeitreihe um eine Zeiteinheit. Hintereinanderausführungen von B werden als Potenzen geschrieben. Dies ist gegeben durch

$$B^\tau Z_t = Z_{t-\tau}. \tag{5.5}$$

Für $\tau > 0$ ergeben sich Rückwärtsverschiebungen um τ Zeiteinheiten, für $\tau = 0$ die Identität $B^0 = 1$, für $\tau < 0$ Vorwärtsverschiebungen. Die Bildung von einfachen Differenzen (Trendbereinigung) wird mit d und von saisonalen Differenzen (Saisonbereinigung) mit D bezeichnet. In den meisten Fällen reicht ein- oder zweimaliges Differenzieren aus, um einen Trend oder saisonale Schwankungen auszublenden.

Bemerkung *Die saisonale Differenzenbildung kann angewendet werden, wenn die Periodizität der vorliegenden Saisonkomponente s bekannt ist (*SCHLITTGEN (2001, S.34), BILLETER & VLACH (1981, S.52)*).*

Zur Entscheidung, wie oft die gegebene Zeitreihe einfach und/oder saisonal differenziert werden muss, kann neben graphischen Methoden auch die *Methode der variaten Differenzen* verwendet werden.

Definition 5.4 (Methode der variaten Differenzen)
Hier wird als Maß der Stationarität einer gefilterten Zeitreihe $\tilde{Z}_t = (1-B)^d(1-B^s)^D Z_t$ das Verhältnis der empirischen Varianz oder Standardabweichung verwendet (siehe Gleichung 5.8). Man wählt dann aus einer Menge möglicher Filter denjenigen aus, der die Varianz am kleinsten macht (SCHLITTGEN & STREITBERG (1987, S.210), SCHLITTGEN (2001, S.34), SEMMLER-BUSCH (2009, S.19)).

Beispiel *Für die Zeitreihe Denguefieber ergibt sich die folgende Tabelle 5.1, bei der in den Spalten saisonale (D), in den Zeilen einfache (d) gewöhnliche Differenzen stehen.*

d	D		
	—	$(1-B^{52})^1$	$(1-B^{52})^2$
—	16	19	28
$(1-B)^1$	4	5	10
$(1-B)^2$	3	4	8

Tabelle 5.1: Standardabweichungen aus der Differenzenbildung der Zeitreihe Denguefieber.

Ein Minimum wird beim Filter $(1-B)^2$ und $(1-B^{52})$ angenommen.

5.1.4 Gleitender Durchschnitt

Die Glättung einer Zeitreihe wird zur Ausschaltung von irregulären Schwankungen angewendet (SCHLITTGEN & STREITBERG (1987, S.25)). Hierfür wird die Beobachtung z_t durch ein lokales arithmetisches Mittel ersetzt. Die Glättung der Denguefieber-Zeitreihe wird beispielhaft in der Gleichung 5.6 dargestellt.

Ein gleitender Durchschnitt der Ordnung 3 ergibt sich zu

$$Y_t = \frac{1}{3}(z_{t-1} + z_t + z_{t+1}). \tag{5.6}$$

Von der Konstruktion dieser Filter lässt sich ableiten, dass die Glättung umso stärker ist, je mehr Werte jeweils einbezogen werden.

5.1.5 Statistische Kenngrößen

Die statistischen Kenngrößen (das *arithmetische Mittel* $\bar{z}$ und die *Varianz* s^2) bilden die Grundlage für die statistische Analyse, sind aber auch im Rahmen der Stationaritätsannahme von Zeitreihen von Interesse (siehe Abschnitt 5.1.2).

Definition 5.5 (arithmetische Mittel)
Das *arithmetische Mittel* einer Zeitreihe wird durch

$$\bar{z} = \frac{1}{N} \sum_{t=1}^{N} z_t \qquad (5.7)$$

berechnet. Dabei ist $\bar{z}$ der mittlere Wert um den die Beobachtungen der beobachteten Zeitreihe schwanken. N ist die Anzahl von Beobachtungen und z_t beschreibt die t-te Beobachtungen der Zeitreihe $(Z_t)_{t=1,\ldots,N}$.

Definition 5.6 (Varianz)
Die empirische *Varianz* einer Zeitreihe wird durch

$$s^2 = \frac{1}{N} \sum_{t=1}^{N} (z_t - \bar{z})^2, \qquad (5.8)$$

gemessen. Die Varianz s^2 oder die Standardabweichung $s = \sqrt{s^2}$ misst die Stärke der Schwankung der Werte der beobachteten Zeitreihe um den Mittelwert (PANKRATZ (1983, S.14)).

Eine zentrale Stellung bei der Untersuchung von Zeitreihen nimmt die Frage nach den Abhängigkeiten zwischen verschiedenen Zeitpunkten ein. Unter den verschiedenen Abhängigkeitsformen hat die lineare Abhängigkeit bei der Zeitreihenanalyse die weitaus größte Bedeutung.

Definition 5.7 (Kovarianz)
Das klassische Maß zur Beschreibung des linearen Zusammenhanges für N Beobachtungspaare (x_i, y_i) ist die empirische *Kovarianz* c.

$$c = \frac{1}{N} \sum_{i=1}^{N} (x_i - \bar{x})(y_i - \bar{y}). \qquad (5.9)$$

Dabei misst c die Stärke des Zusammenhangs zwischen den x und den y Werten.

Definition 5.8 (Korrelationskoeffizient)
Der empirische *Korrelationskoeffizient* von *Bravais-Pearson* (r) wird durch die Normierung der Kovarianz c mit dem Produkt der einzelnen Standardabweichungen mit der Formel

$$r = \frac{\frac{1}{N}\sum_{i=1}^{N}(x_i - \bar{x})(y_i - \bar{y})}{\sqrt{\frac{1}{N}\sum_{i=1}^{N}(x_i - \bar{x})^2} \cdot \sqrt{\frac{1}{N}\sum_{i=1}^{N}(y_i - \bar{y})^2}} \qquad (5.10)$$

berechnet. Der Korrelationskoeffizient r kann Werte zwischen $+1$ und -1 annehmen. Werte, die nahe bei $+1(-1)$ liegen, deuten auf einen starken positiven (negativen) linearen Zusammenhang hin, Werte bei null dagegen auf das Fehlen eines linearen Zusammenhangs oder Unkorreliertheit (SCHLITTGEN & STREITBERG (1987, S.4)).

Anders als die Kovarianz, die den linearen Zusammenhang zwischen zwei Variablen (x,y) beschreibt, werden bei der Zeitreihenanalyse die Abhängigkeiten zwischen verschiedenen Zeitpunkten der beobachtete Zeitreihe durch die *Korrelation* dargestellt. Die Korrelation wird durch die *Autokorrelationsfunktion* (kurz ACF) gemessen (BILLETER & VLACH (1981, S.26), SEMMLER-BUSCH (2009, S.20)).

5.1.6 Autokorrelationsfunktionen (ACF und PACF)

Die Autokorrelationsfunktion ACF gemeinsam mit der partiellen Autokorrelationsfunktion PACF sind Maße, die die statistische Abhängigkeiten zwischen Beobachtungen einer gegebenen Zeitreihe erfassen (PANKRATZ (1983, S.29)).

Definition 5.9 (Autokorrelationsfunktion)
Die *Autokorrelationsfunktion* ϑ_τ ist gegeben durch

$$\vartheta_\tau = \frac{\sum_{t=1}^{N-\tau}(z_t - \bar{z})(z_{t+\tau} - \bar{z})}{\sum_{t=1}^{N}(z_t - \bar{z})^2} \quad -1 \leq \vartheta_\tau \leq 1. \qquad (5.11)$$

Die Autokorrelationsfunktion ACF stellt die Abhängigkeit zwischen Beobachtungspaaren $(z_t, z_{t+\tau})$, welche durch die Abstände ($\tau = 1,2,3,\ldots$) getrennt sind dar (PANKRATZ (1983, S.35)).

Definition 5.10 (Partielle Autokorrelationsfunktion)
Die *partielle Autokorrelationsfunktion* π_τ ist gegeben durch

$$\pi_\tau = \frac{\vartheta_\tau - \sum_{j=1}^{\tau-1}\pi_{\tau-1,j}\vartheta_{\tau-j}}{1 - \sum_{j=1}^{\tau-1}\pi_{\tau-1,j}\vartheta_j} \quad (\tau = 2,3,\ldots). \qquad (5.12)$$

Dabei ist ϑ_τ die ACF und τ der Zeitabstand (PANKRATZ (1983, S.38-41)).

Die partielle Autokorrelationsfunktion π_τ stellt die Korrelation zwischen Beobachtungspaaren $(z_t, z_{t+\tau})$ dar, wobei der Effekt der Beobachtungen $(z_{t+1}, z_{t+2}, \ldots, z_{t+\tau-1})$ innerhalb der vorhandenen Beobachtungspaare einbezogen wird (PANKRATZ (1983, S.39)).

Die graphische Darstellung der Autokorrelationsfunktionen ACF und PACF heißt *Korrelogramm*. Aus der Betrachtung des Korrelogramms der beobachteten Zeitreihe kann beispielsweise die Stationarität der gegebenen Daten abgeleitet werden. Wenn die Autokorrelationsfunktion (ACF) (ϑ_τ) langsam gegen Null abfällt, kann man davon ausgehen, dass die Zeitreihe nicht-stationär ist (PANKRATZ (1983, S.16)) (siehe Abbildung 5.1).

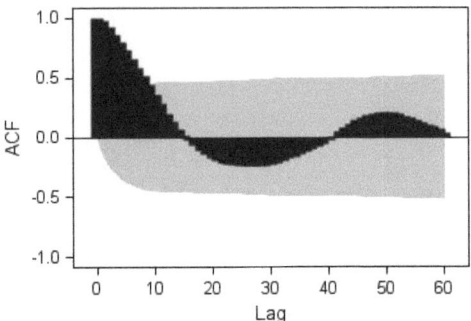

Abbildung 5.1: Graphische Darstellung der Autokorrelationsfunktion (Korrelogramm) der geglätteten Zeitreihe Denguefieber (Dunkelblau = ACF, Hellblau = Konfidenzband).

Das Korrelogramm ist für die Zeitreihenanalyse von erheblicher Bedeutung, da es die wesentlichen Informationen über zeitliche Abhängigkeiten in der beobachteten Zeitreihe enthält (SCHLITTGEN & STREITBERG (1987, S.7)).

Die Autokorrelationsfunktionen ACF und PACF werden außerdem als Orientierungshilfe zur Auswahl der Ordnung der Parameter p und q von anzupassenden ARIMA-Modellen angewendet.

Eine Zeitreihe Z_t folgt einem Moving-Average Prozess (MA) der Ordnung q, wenn für die Autokorrelationen $\vartheta_q = 0$ und $\vartheta_\tau = 0$ für $\tau > q$ gilt. Wiederum folgt Z_t einem Autoregressiven Prozess (AR) der Ordnung p, wenn die partiellen Autokorrelationen $\pi_\tau \pi_p \neq 0$ und $\pi_\tau = 0$ für $\tau > p$ entspricht. (vgl. Abbildung 5.2).

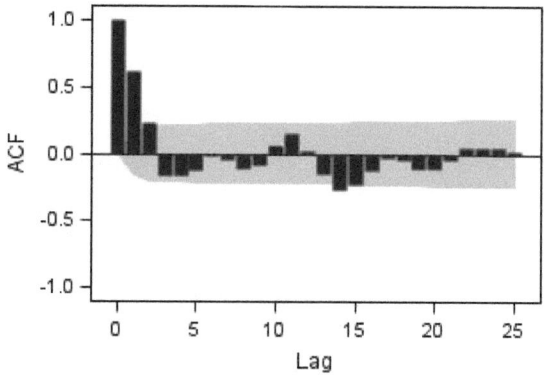

(a) Autokorrelationsfunktion

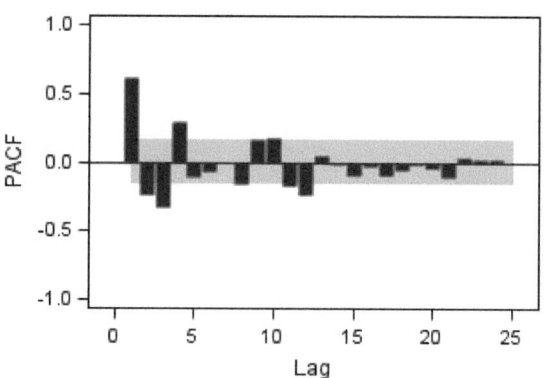

(b) partielle Autokorrelationsfunktion

Abbildung 5.2: Autokorrelationsfunktion (ACF) und partielle Autokorrelationsfunktion (PACF) der geglätteten Zeitreihe Denguefieber (Dunkelblau = Autokorrelationsfunktion, Hellblau = Konfidenzband). Das Korrelogramm der ACF (Abbildung (a)) deutet darauf hin, dass die Ordnungen (1 und 2) für den Parameter q signifikant sein könnten. Außerdem deutet das Korrelogramm der PACF (Abbildung (b)) an, dass die möglichen Ordnungen für den Parameter p (1-4 und 12) sein könnten. Als mögliche Ordnungen für die Parameter p und q, werden diejenige Zeitabstände (*Lags*) ausgewählt, die das Konfidenzband überschreiten.

5.1.7 White-Noise Prozess

Ein *White-Noise* Prozess (WN) (Weißes Rauschen) ist eine Folge $(\epsilon_t)_{t \in N}$ von unabhängigen, identisch verteilten Zufallsvariablen ϵ_t mit $E\epsilon_t = 0$ und $Var\epsilon_t = \sigma^2$ (SCHLITTGEN & STREITBERG (1987, S.71)). Wir schreiben dann auch kurz $\epsilon_t \sim WN(0, \sigma^2)$. Zur Modellierung einer gegebene Zeitreihe wird der White-Noise Test verwendet, um folgende Annahmen zu testen.

1. Entspricht die zu modellierende Zeitreihe einem weißen Rauschen (Zufallskomponente), das heißt, die Zeitreihe enthält keine systematischen Komponenten. Hierfür wird die Prüfgröße $\tilde{Q}(r)$ verwendet. Diese ist gegeben durch

$$\tilde{Q}(r) = N(N+2) \sum_{\tau=1}^{m} (N-\tau)^{-1} r_\tau^2,$$

wobei

$$r_\tau = \sum_{t=\tau+1}^{N} \frac{\epsilon_t \epsilon_{t-\tau}}{\sum_{t=1}^{N} \epsilon_t^2}.$$

$\tilde{Q}(r)$ ist χ^2 verteilt mit m Freiheitsgraden (LJUNG & BOX (1978), (PANKRATZ, 1983, S.228)).

2. Folgen die Residuen einer angepassten Zeitreihe ARMA(p,q) einem White-Noise Prozess, das heißt, alle systematischen Komponenten der Zeitreihe sind im Modell erfasst und die Residuen enthalten ausschließlich weißes Rauschen. Hierfür wird die Prüfgröße $Q(\hat{r})$ angewendet. Diese ist gegeben durch

$$Q(\hat{r}) = N \sum_{\tau=1}^{m} \hat{r}_\tau^2$$

wobei

$$\hat{r}_\tau^2 = \frac{\sum_{t=\tau+1}^{N} \hat{\epsilon}_t \hat{\epsilon}_{t-\tau}}{\sum_{t=1}^{N} \hat{\epsilon}_t^2} \quad (\tau = 1, 2, \dots).$$

$Q(\hat{r})$ ist χ^2 verteilt mit $m-p-q$ Freiheitsgraden (LJUNG & BOX (1978), (PANKRATZ, 1983, S.229)).

Wenn die Zufallskomponente eines Modells ein White-Noise Prozess ist, dann kann davon ausgegangen werden, dass alle systematischen Komponenten der beobachteten Zeitreihe im Modell erfasst sind (SEMMLER-BUSCH (2009, S.16)).

Nach SCHLITTGEN & STREITBERG (1987, S.274) ist ein Test auf White-Noise ein Test der Nullhypothese

H_0: die beobachtete Zeitreihe entstammt einem White-Noise Prozess,

gegen die Alternativhypothese

H_1: die beobachtete Zeitreihe entstammt keinem White-Noise Prozess.

Tabelle 5.2 stellt beispielhaft die Ergebnisse eines White-Noise Test dar, wie oben unter Punkt 1 beschrieben wurde.

Zeitabstand	$\tilde{Q}(r)$	DF	p-Wert	Autokorrelationen ($t + \tau$)					
				$t+1$	$t+2$	$t+3$	$t+4$	$t+5$	$t+6$
$t = 0$	39,17	6	<0,0001	0,39	0,14	-0,23	0,01	0,12	0,01

Tabelle 5.2: Ergebnisse der Autokorrelationsprüfung auf White-Noise einer Zeitreihe. Die Spalte Zeitabstand stellt die Verzögerung der Zeitreihe dar. $\tilde{Q}(r)$ gibt den Wert der Testgröße des χ^2-Tests mit m Freiheitsgraden an, wobei m die Anzahl der beobachteten Zeitabstände bedeutet. DF gibt die Anzahl der Freiheitsgrade an. Da der Wert der Spalte p-Wert kleiner als $0,05$ ist, kann die Nullhypothese (H_0 : Die beobachtete Zeitreihe besteht ausschließlich aus Rauschen) abgelehnt werden. Die Spalten $t + \tau$ stellen die erhaltenen Autokorrelationen der Zeitreihe mit sich selbst und die Verzögerungen τ dar.

Zur Modellierung von Zeitreihen wird neben dem White-Noise-Test die Autokorrelations- (kurz ACF) und die partielle Autokorrelationsfunktion (kurz PACF) verwendet (siehe Abschnitt 5.1.6).

5.2 Box-Jenkins-Ansatz

Die Modellierung einer Zeitreihe mittels des *Box-Jenkins-Ansatzes* gliedert sich üblicherweise in drei Phasen (siehe Abbildung 5.3) (PANKRATZ (1983, S.17)).

Der Box-Jenkins-Ansatz bietet eine Reihe von ARIMA-Modellen an (siehe Abbildung 5.4). Das Modell mit der besten Anpassung und den treffendsten Prognosen soll ausgewählt werden.

Der Box-Jenkins-Ansatz kann bei univariaten oder multivariaten Zeitreihen angewendet werden. Bei der univariaten Zeitreihenanalyse geht es darum, ein Modell für eine einzige Zeitreihe zu entwickeln, indem die Korrelationen dieser Zeitreihe mit sich selbst beschrieben werden (siehe Abschnitt 5.2.3).

Durch die Anwendung der multivariaten Zeitreihenanalyse wird beispielsweise versucht die Korrelationen zwischen mehreren Zeitreihen zu bestimmen (siehe Abschnitt 5.2.4), indem die zwei wichtigen Konzepte *Kreuzkorrelationsanalyse* und *Transferfunktion* behandelt werden (BILLETER & VLACH (1981, S.96)).

Der Box-Jenkins-Ansatz führt nicht-stationäre Zeitreihen mit deutlichen Trends oder Zyklen durch Anwendung geeigneter Filter in stationäre Zeitreihen über. Eingesetzt werden dabei vor allem einfache Differenzenfilter d zur Trendbereinigung (siehe Ab-

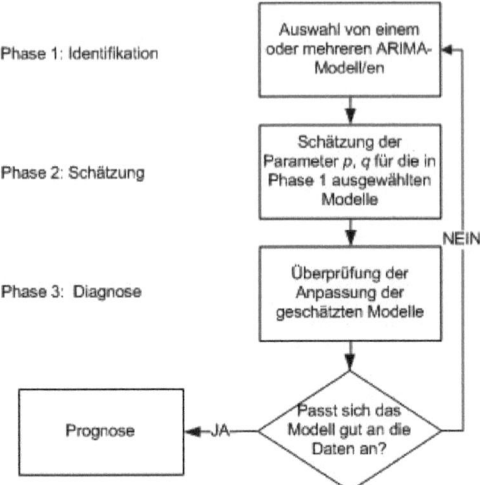

Abbildung 5.3: Phasen der Schätzung eines ARIMA-Modelles anhand des Box-Jenkins-Ansatzes (Quelle: PANKRATZ (1983, S.17)).

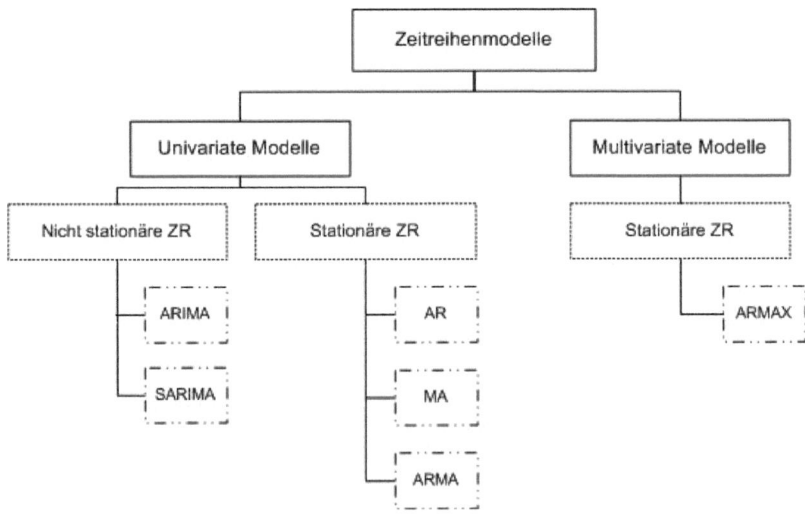

Abbildung 5.4: Mögliche ARIMA-Modelle nach Box-Jenkins-Ansatz.

schnitt 5.1.3) sowie saisonale Differenzenfilter D zur Bereinigung saisonaler Effekte der Periode s (SCHLITTGEN & STREITBERG (1987, S.202)).

Ziel der Bildung von Zeitreihenmodellen ist es, die beobachtete Zeitreihe aus sich selbst zu erklären und ihre Abhängigkeitsstruktur zu erfassen. Dies kann einerseits direkt Hinweise auf Prozesse geben, die einer Zeitreihe zugrunde liegen, andererseits kann ein solches Modell helfen gute Prognosen zu erstellen. Des Weiteren können diese Modelle benutzt werden, um den Einfluss von einer oder mehreren Zeitreihen (*Inputzeitreihen*) auf eine andere Zeitreihe (*Outputzeitreihe*) zu untersuchen (siehe Abschnitt 5.2.4).

5.2.1 Autoregressive Prozesse

Autoregressive Prozesse wenden das Konzept der Autokorrelation an, um die Abhängigkeit zwischen Beobachtungen innerhalb einer Zeitreihe zu messen.

Definition 5.11 (AR(p)-Prozesse)
Ein stochastischer Prozess $(Z_t)_{t \in T}$ heißt *Autoregressiver Prozess* der Ordnung p, kurz AR(p)-Prozess, wenn er der Beziehung

$$Z_t = \phi_1 Z_{t-1} + \cdots + \phi_p Z_{t-p} + \epsilon_t \tag{5.13}$$

genügt. Dabei ist t die Zeit, in der Z_t realisiert wird, p ist der Zeitabstand mit dem Z_t korreliert wird, $\phi_1, \ldots, \phi_p$ sind Koeffizienten, die aus den zugrundliegenden Daten geschätzt werden und $\epsilon_t \sim WN(0, \sigma^2)$ (SCHLITTGEN & STREITBERG (1987, S.97).

Die Definitionsgleichung eines AR-Prozesses entspricht formal einer multiplen Regression. Allerdings sind die erklärenden Variablen nicht unabhängige Variable, sondern die Vergangenheitswerte von Z_t selbst.

5.2.2 Moving-Average Prozesse

Moving-Average Prozesse sind gewichtete Mittel aus unkorrelierten Zufallsvariablen, wobei jedoch die Summe der Gewichte im Allgemeinen nicht gleich Eins ist. Diese Prozesse sind stationär für beliebige Parameter (STIER (2001, S.52)).

Definition 5.12 (MA(q)-Prozesse)
Ein stochastischer Prozess $(Z_t)_{t \in T}$ heißt Moving-Average Prozess der Ordnung q, kurz MA(q)-Prozess, wenn er sich in der Form

$$Z_t = \epsilon_t - \theta_1 \epsilon_{t-1} - \cdots - \theta_q \epsilon_{t-q} \qquad (5.14)$$

darstellen lässt. Dabei sind $\epsilon_{t-1}, \ldots, \epsilon_{t-q}$ die vorangegangenen Zufallsfaktoren, $\theta_1, \ldots, \theta_q$ die Moving-Average Koeffizienten und $\epsilon_t \sim WN(0, \sigma^2)$ (SCHLITTGEN & STREITBERG (1987, S.95), YAFFEE & MCGEE (2000, S.75)).

5.2.3 Autoregressive Moving-Average Prozesse

Ein stationärer Prozess kann sowohl als AR(p)- als auch als MA(q)-Prozess dargestellt werden. Diese Darstellungsformen können allerdings den Nachteil haben, dass sie zu viele Parameter enthalten. Um dieses Problem zu vermeiden und sparsame Modelle zu bilden, werden Autoregressive Moving-Average (kurz ARMA) Modelle, eine Kombination von AR- und MA-Prozessen, angewendet.

Das *Sparsamkeitsprinzip* bezeichnet ein Modell als sparsames Modell, wenn es möglichst wenig Parameter enthält (STIER (2001, S.55)).

Definition 5.13 (ARMA(p,q)-Prozesse)
Ein stochastischer Prozess $(Z_t)_{t \in T}$ heißt *Autoregressiver Moving-Average Prozess* der Ordnung (p,q), kurz ARMA(p,q)-Prozess, falls Z_t stationär ist und für jedes $t \in T$

$$Z_t - \phi_1 Z_{t-1} - \cdots - \phi_p Z_{t-p} = \epsilon_t + \theta_1 \epsilon_{t-1} + \cdots + \theta_q \epsilon_{t-q} \qquad (5.15)$$

gilt, wobei $\epsilon_t \sim WN(0, \sigma^2)$ ist.

Die obige Definitionsgleichung kann auch in der Form

$$\phi_p(B) Z_t = \theta_q(B) \epsilon_t, \quad t = 0, \pm 1, \pm 2, \ldots, \pm N,$$

dargestellt werden, wobei ϕ_p und θ_q Polynome des Autoregressiven Prozesses der Ordnung p

$$\phi(z) = 1 - \phi_1 z - \cdots - \phi_p z^p \qquad (5.16)$$

bzw. des Moving-Average Prozesses der Ordnung q

$$\theta(z) = 1 + \theta_1 z + \cdots + \theta_q z^q \qquad (5.17)$$

und B der Backshift-Operator (siehe Definition 5.3) sind (BROCKWELL & DAVIS (1996, S.78)).

5.2.4 Multivariate Autoregressive Moving-Average Prozesse

Multivariate Autoregressive Moving-Average Prozesse der Ordnung (p,q) kurz ARMAX(p,q)-Prozesse werden zur Modellierung der Auswirkung einer oder mehrerer Zeitreihen (*Inputzeitreihen*) Z_{1t} auf eine andere Zeitreihe (*Outputzeitreihe*) Z_{2t} angewendet. Die ARMAX(p,q)-Prozesse werden in der Literatur auch als *Transferfunktionsmodell* bezeichnet.

Definition 5.14 (ARMAX(p,q)-Prozesse)
Ein ARMAX(p,q)-Prozess wird gegeben durch

$$Z_t - \Phi_1 Z_{t-1} - \cdots - \Phi_p Z_{t-p} = \epsilon_t + \Theta_1 \epsilon_{t-1} + \cdots + \Theta_q \epsilon_{t-q}. \tag{5.18}$$

Dabei ist Z_t ein multivariater ARMA(p,q)-Prozess, $\Phi_1, \ldots, \Phi_p$ und $\Theta_1, \ldots, \Theta_q$ [m x m] Matrizen und $\epsilon_t \sim WN(0, \Sigma)$ (BROCKWELL & DAVIS (1996, S.417)).

Die ARMAX(p,q)-Prozesse verwenden die *Kreuzkorrelationsfunktionen*, um die Korrelation $(Corr(Z_{1t}, Z_{2t+\tau}))$ zwischen zwei Zeitreihen in Abhängigkeit von einem Zeitabstand τ zu messen (YAFFEE & MCGEE (2000, S.286)).

Definition 5.15 (Kreuzkorrelationsfunktionen)
Die Kreuzkorrelationsfunktion (kurz CCF) ist gegeben durch

$$r_{Z_{1t},Z_{2t}}(\tau) = \frac{\frac{1}{N}\sum_{t=1}^{N-\tau}(Z_{1t} - \bar{z}_1)(Z_{2t+\tau} - \bar{z}_2)}{\sigma_{z_1}\sigma_{z_2}}. \tag{5.19}$$

Dabei bezeichnen Z_{1t} die Input- und Z_{2t} die Outputzeitreihe (HELFENSTEIN (1996)).

Die Ergebnisse der Kreuzkorrelationsanalyse werden in das Modell durch eine Transferfunktion hinzugefügt, in der die vorhandene Verschiebung τ der Korrelationsreihen (*Zeitabstand* oder *LAG*) angezeigt wird (siehe Definition ??).

Die Transferfunktion stellt den Einfluss einer Zeitreihe Z_{1t} (Inputzeitreihen) auf eine andere Z_{2t} (Outputzeitreihe) dar.

Im PANDIT & WU (1983, S.418) findet man folgendes Beispiel mit 2 Zeitreihen (Z_{1t}) und (Z_{2t}) gegeben durch

$$Z_{1t} = \phi_{11}Z_{1t-1} + \epsilon_{1t} \qquad (5.20)$$
$$Z_{2t} = \phi_{21}Z_{1t-1} + \phi_{22}Z_{2t-1} + \epsilon_{2t}.$$

In Z_{2t} stellen ϕ_{11} und ϕ_{22} die Autoregressive Komponente (AR) für Z_{1t} und Z_{2t} und $\phi_{21}Z_{1t-1}$ die Abhängigkeit der Z_{2t}-Zeitreihe von Z_{1t} dar. Die Prozesse lassen sich durch die Systemgleichung

$$\begin{bmatrix} Z_{1t} \\ Z_{2t} \end{bmatrix} = \begin{bmatrix} \phi_{11} & \phi_{12} \\ \phi_{21} & \phi_{22} \end{bmatrix} \begin{bmatrix} Z_{1t-1} \\ Z_{2t-1} \end{bmatrix} + \begin{bmatrix} \epsilon_{1t} \\ \epsilon_{2t} \end{bmatrix} \qquad (5.21)$$

definieren. Da Z_{1t} nicht von Z_{2t} abhängig ist, wird $\phi_{12} = 0$.

Die Reihe Z_{2t} könnte auch in Form eines Transferfunktionsmodells mithilfe des Backshift-Operators B wie folgt ausgedrückt werden (PANDIT & WU (1983, S.417-419)):

$$Z_{2t} = \frac{\phi_{21}B}{1-\phi_{22}B}Z_{1t} + \frac{1}{1-\phi_{22}B}\epsilon_{2t}$$

Hierbei repräsentiert $\frac{\phi_{21}B}{1-\phi_{22}B}$ die Transferfunktion und $\frac{1}{1-\phi_{22}B}$ das Rauschen. Dieses Modell könnte für eine Abhängigkeit mit Zeitabstand (τ) zwischen beiden Zeitreihen als:

$$Z_{2t} = \frac{\phi_{21}B^\tau}{1-\phi_{22}B}Z_{1t} + \frac{1}{1-\phi_{22}B}\epsilon_{2t}$$

definiert werden. Transferfunktionen für komplexere ARMA(p,q)-Prozesse lassen sich auf ähnliche Weise darstellen.

5.2.5 Autoregressive Integrierte Moving-Average-Prozesse

Ein *Autoregressiver Integrierter Moving-Average* Prozess der Ordnung (p,d,q) kurz ARIMA(p,d,q)-Prozess wird zur Modellierung von trendbehafteten Zeitreihen angewendet. Dabei wird der Trend durch Differenzenbildung der Ordnung d eliminiert (siehe Abschnitt 5.1.3) (STIER (2001, S.57)) .

Definition 5.16 (ARIMA(p,d,q)-Prozess)
Ein ARIMA(p,d,q)-Prozess ist definiert durch

$$\phi(B)(1-B)^d Z_t = \theta(B)\epsilon_t, \quad (\epsilon_t) \sim WN(0,\sigma^2). \qquad (5.22)$$

Dabei bezeichnet B die Differenzbildung (siehe Definition 5.3), ϕ ein Polynom der Ordnung p (siehe Gleichung 5.16) und θ ein Polynom der Ordnung q (siehe Gleichung 5.17) (BROCKWELL & DAVIS (1996, S.274)). An die trendbereinigte Zeitreihe kann dann ein stationärer ARMA-Prozess angepasst werden (siehe Definition 5.13) (SCHLITTGEN & STREITBERG (1987, S.112), YAFFEE & MCGEE (2000, S.12)).

5.2.6 Saisonale ARIMA-Prozesse

Zur Modellierung von Zeitreihen, die Trendbewegungen und saisonale Schwankungen aufweisen, werden *Saisonale Autoregressive Integrierte Moving-Average* Prozesse der Ordnung $(p,d,q)(P,D,Q)^s$ kurz SARIMA$(p,d,q)(P,D,Q)^s$-Prozesse angewendet.

Bei einer saisonbehafteten Zeitreihe hängt der aktuelle Wert z_t nicht nur von den unmittelbar vorangegangenen Zeitpunkten ab, sondern auch wesentlich von z_{t-s}, wenn der Saisonzyklus s beträgt ($s = 12$ für Monatsdaten, $s = 52$ für wöchentliche Daten). So wie die Klasse der ARIMA-Prozesse die Abhängigkeit der Beobachtungen in aufeinanderfolgenden Zeitabschnitten ausdrückt, kann man ähnliche Modelle konstruieren, die die Beziehung von Beobachtungen in den gleichen Wochen von aufeinanderfolgenden Jahren ausdrücken (STIER (2001, S.58)).

Definition 5.17 (SARIMA$(p,d,q)(P,D,Q)^s$-Prozess)
Ein saisonaler ARIMA$(p,d,q)(P,D,Q)^s$-Prozess mit Periode s ist gegeben durch

$$\phi(B)\Phi(B^s)\tilde{Z}_t = \theta(B)\Theta(B^s)\epsilon_t, \quad \epsilon_t \sim WN(0,\sigma^2). \qquad (5.23)$$

Dabei sind $\tilde{Z}_t = (1-B)^d(1-B^s)^D Z_t$, $\phi(z) = 1 - \phi_1 z - \cdots - \phi_p z^p$, $\Phi(z) = 1 - \Phi_1 z - \cdots - \Phi_P z^P$, $\theta(z) = 1 + \theta_1 z + \cdots + \theta_q z^q$, $\Theta(z) = 1 + \Theta_1 z + \cdots + \Theta_Q z^Q$ (SCHLITTGEN & STREITBERG (1987, S.114), BROCKWELL & DAVIS (1996, S.323)).

5.2.7 Schätzung der Modellkoeffizienten

Für die Schätzung der Parameter $\phi_i, i = 1, \ldots, p$ und $\theta_i, i = 1, \ldots, q$ stehen im Allgemeinen drei Methoden zur Auswahl.

1. *Bedingte Kleinste-Quadrate-Methode* (CLS engl. *conditional least squares*): Bei dieser Methode werden die Werte der (mittelwertbereinigten) Zeitreihe vor Beobachtungsbeginn auf 0 gesetzt. Damit ist dies die Methode, die mit dem geringsten Rechenaufwand auskommt.

2. *Exakte Kleinste-Quadrate-Methode* (ULS engl. *unconditional least squares*): Bei dieser Methode werden die Zeitreihenwerte vor Beobachtungsbeginn "rückwärts vorhersagt". Diese Methode liefert meist bessere Ergebnisse als die CLS, der Rechenaufwand ist aber größer.

3. *Maximum-Likelihood-Methode* (ML): Diese Methode setzt Normalverteilung der Residuen voraus. Sie ist die Aufwendigste der drei Methoden, liefert aber besonders bei kürzeren Zeitreihen oft die besten Ergebnisse. Da es sich um ein iteratives Verfahren handelt, gibt es allerdings gelegentlich Konvergenzprobleme. Je nach Startwerten kann es passieren, dass das Verfahren gar nicht konvergiert oder bei einem lokalen Maximum "hängenbleibt".

5.2.8 Prüfung der Modellanpassung

Die Modellanpassung kann durch die folgenden Eigenschaften beurteilt werden:

- Die Residuen sollen White-Noise sein.

- ACF und PACF weisen keine Struktur auf (Unkorreliertheit).

- Das Modell soll sparsam sein, das heißt mit möglichst wenigen Parametern auskommen.

- Die Korrelation zwischen den Parameterschätzungen soll klein sein (keine Kolinearität).

- Je kleiner die Kriterien Akaikes Informationskriterium (engl. *Akaike's information criterion*, AIC), Bayessches Informationskriterium (engl. *Bayesian information criterion*, BIC) und der mittlere quadratische Fehler (engl. *mean squared error*, MSE) sind, umso besser ist die Anpassung.

5.2.9 Prognose

Autoregressive Methoden werden im Rahmen der univariaten Zeitreihenanalyse zur Vorhersage zukünftiger Beobachtungen $z_{N+\ell}$, $\ell \geq 1$ aus einer vorliegenden Zeitreihe $(Z_t)_{t=1,...,N}$ eingesetzt. Dabei sind N der ausgehende Zeitpunkt (entsprechend dem letzten bekannten Wert der Zeitreihe Z_t) und ℓ der Zeitabstand. Eine Prognose ist dann eine auf Z_t basierende Schätzung $\hat{z}_N(\ell)$ des Wertes von $Z_{N+\ell}$ (SCHLITTGEN & STREITBERG (1987, S.335-336)).

Die Prognose in ARIMA-Analysen hängt von den vorherigen Beobachtungen ab. Sei Z_t die Zeitreihe von vorhandenen Beobachtungen $(z_t, z_{t-1}, \dots)$. Die Prognose für $z_{N+\ell}$, bezeichnet als $\hat{z}_N(\ell)$, wird berechnet durch

$$\hat{z}_N(\ell) = E(Z_{N+\ell}|Z_t). \tag{5.24}$$

Am Beispiel eines ARIMA$(1,0,1)$-Modells wird der Prognose-Vorgang anhand des Box-Jenkins-Ansatzes illustriert. Hierfür wird zunächst das ARIMA-Modell für die Reihe $Z_t - \mu$ als eine lineare Gleichung der Form

$$z_N = \mu(1 - \phi_1) + \phi_1 z_{N-1} - \theta_1 \epsilon_{N-1} + \epsilon_N \tag{5.25}$$

umgeschrieben (PANKRATZ (1983, S.241)), wobei die ARIMA-Modell-Parameter ϕ_1 und θ_1 konstant sind. Der Ausdruck $\mu(1 - \phi_1)$ wird als die Konstante C bezeichnet. Sei $\ell = 1$, die erste Schritt-Prognose. Für diese kann die Gleichung 5.25 zu

$$z_{N+1} = \mu(1 - \phi_1) + \phi_1 z_N - \theta_1 \epsilon_N + \epsilon_{N+1} \tag{5.26}$$

umgeformt werden.

Da z_{N+1} (tatsächliche Beobachtung in $N+1$) nicht bekannt ist, wird anstatt dessen ihr bedingter Erwartungswert $\hat{z}_N(1)$ genutzt. μ wird durch $\hat{\mu}$, ϕ_1 durch $\hat{\phi}_1$, θ_1 durch $\hat{\theta}_1$ und ϵ_t durch $\hat{\epsilon}_t$ ersetzt. Da ϵ_{N+1} (Zufallskomponente von z_{N+1}) unbekannt ist, wird diese auf Null gesetzt. Es ergibt sich also die Formel

$$\hat{z}_N(1) = \hat{C} + \hat{\phi}_1 z_N - \hat{\theta}_1 \epsilon_N. \tag{5.27}$$

Bei der Bestimmung der nachfolgenden ℓ-Schritt-Prognose $\hat{z}_N(\ell)$ wird auf die ($\ell - 1$)-Prognose zurückgegriffen (SCHLITTGEN & STREITBERG (1987, S.364)). ϵ_N-Störungen, die den Prognosefehlern $z_N(\ell) - \hat{z}_N(\ell)$ entsprechen, werden durch Null ersetzt. Der nächste Prognose $\hat{z}_N(2)$ wird daher durch

$$\hat{z}_N(2) = \hat{C} + \hat{\phi}_1 \hat{z}_N(1) \tag{5.28}$$

berechnet. Weitere Prognose-Werte werden auf ähnliche rekursive Weise ermittelt. Die Behandlung für andere ARIMA-Modelle folgt derselben Linie. Bei d-maliger Differenzenbildung wird die Komponente $\hat{C}$ nicht berücksichtigt, da Prognosen für nicht stationäre Modelle nicht gegen den Mittelwert der Zeitreihe konvergieren (PANKRATZ

(1983, S.244)).

5.3 Literaturübersicht zur Zeitreihenanalyse

Im Folgenden werden die wichtigsten Autoren vorgestellt, die den Zusammenhang zwischen dem Ausbruch des Denguefiebers und klimatischen Variablen untersucht haben.

KOOPMAN ET AL. (1991) führten eine staatliche Befragung im Jahr 1986 zwischen März und Oktober in Mexiko durch, um Prädiktoren und Hotspot-Zonen der Übertragung von Denguefieber zu identifizieren. Sie fanden heraus, dass die Temperatur während der Regenzeit der Hauptprädiktor des Vorkommens der Krankheit war. Für die statistische Analyse verwendeten Sie die Variablen Bevölkerungsdichte, Sozialschicht, Landnutzung und meteorologische Messungen pro Ort.

DEPRADINE & LOVELL (2004) untersuchten den Zusammenhang zwischen der Inzidenz des Denguefiebers und klimatischen Variablen in Barbados im Zeitraum 1995 − 2000. Sie verwendeten die klimatischen Variablen Niederschlagsmenge, Dampfdruck, Windgeschwindigkeit, Tiefst-, Mittel- und Höchsttemperaturen. Sie nutzten wöchentliche Daten dieser Variablen zur Durchführung einer Kreuzkorrelationsanalyse und zur Schätzung eines Vorhersagemodells. Sie fanden Korrelation zwischen Denguefieber und Luftfeuchtigkeit in der 6. Woche, und mit Niederschlag in der 7. Woche heraus.

GARCÍA & BOSHELL (2004) wendeten ARIMA(p, d, q)-Modelle auf wöchentliche Denguefieberfälle und klimatische Daten der Periode 1997 − 2000 von vier kolumbianischen Ortsteilen an. Das Ziel dieser Arbeit war die Analyse der Ausbruchsmuster der Denguefieberfälle in Bezug auf das Verhalten der klimatischen Variablen. Dafür benutzten sie die Hauptkomponentenanalyse. Sie fanden heraus, dass der Niederschlag mit einer Verzögerung von 9 − 14 Wochen einen Ausbruch von Denguefieberfällen hervorruft.

PROMPROU ET AL. (2006) wendeten ARIMA(p, d, q)-Modelle zur Schätzung eines Vorhersagemodells über die Inzidenz des hämorrhagischen Denguefiebers in Südthailand für das Jahr 2006 an. Das Modell wurde mit Daten erstellt, die im Zeitraum 1994−2005 erhoben wurden. Sie stellten das ARIMA-Modell $(1, 0, 1)$ fest. Die Modellauswertung wurde durch die Analyse zwischen erwarteten und beobachteten Fällen und der Autokorrelationsfunktion ausgeführt. Die Modellanpassung wurde durch die Analyse der Autokorrelationsfunktion der Residuen und die Q-Statistik (*Box-Ljung Test*) bewertet. Die Ergebnisse dieser Studie deuten an, dass die Anzahl der Denguefieberfälle im Jahre 2006 steigen wird. Die höchste Fallzahl sollte nach dieser Prognose im Dezember auftreten.

WU ET AL. (2007) analysierten die Auswirkung des Klimas auf den Ausbruch des Denguefiebers in Kohsiung, Taiwan. Sie verwendeten die Zeitreihenanalyse zur Schätzung eines ARIMA(p, d, q)-Modells, um den Zusammenhang zwischen dem Verhalten des Klimas und des Vorkommens des Denguefiebers zu beschreiben. Ihre Ergebnisse zeigten einen signifikanten Zusammenhang zwischen den klimatischen Variablen und den Ausbruchsfällen von Denguefieber mit einem Zeitabstand von zwei Monaten.

LUZ ET AL. (2008) setzten den Box-Jenkins-Ansatz zur Anpassung eines ARIMA(p, d, q)-Modells ein. Sie verwendeten Daten über die Inzidenz von Denguefieber, die in Rio de Janeiro, Brasilien für den Zeitraum $1997 - 2004$ registriert wurden. Zu diesen Zweck verwendeten sie monatliche Daten von Niederschlag, Tiefst- und Höchsttemperatur.

WONGKOON ET AL. (2007) wendeten SARIMA$(p, d, q)(P, D, Q)^s$-Modelle zur Schätzung eines Vorhersagemodells für die Inzidenz des hämorrhagischen Denguefiebers in Nordthailand für das Jahr 2007 an. Das Modell wurde mit monatlichen Daten geschätzt, die im Zeitraum $2003 - 2006$ erhoben wurden. Die Modellauswertung wurde durch die Analyse zwischen erwarteten und beobachteten Fällen in 2007 ausgeführt.

Der Einsatz von Zeitreihenanalysen, wie eingangs bereits genannt wurde, findet bei der Untersuchung der möglichen Zusammenhänge zwischen klimatischen Ereignissen und Denguefieber sowie der Bestimmung von Risikoperioden oft Anwendung. Mit Hilfe der Publikationen der oben erwähnten Autoren wurde der Leitgedanke des methodischen Vorgehens dieses Kapitels entwickelt und anhand der Aussagen aus der Literatur die Plausibilität eigener Ergebnisse nachgeprüft.

5.4 Methodisches Vorgehen

In diesem Abschnitt wird die Methodologie zur Untersuchung des retrospektiven Verhaltens der Inzidenz von klassischen- und hämorrhagischen Denguefieberfällen und die Auswirkung der klimatischen Variablen auf diese Krankheiten beschrieben.

Für diese Untersuchung werden epidemiologische Daten eingesetzt, die im Zeitraum $2005 - 2009$ durch die "Dpto. de epidemiología de la sub-secretaria regional costa-insular del ministerio de salud pública" (Abteilung Epidemiologie des Bundesgesundheitsamtes) in der Stadt Guayaquil, Ecuador, erhoben wurden (vgl. Abschnitt 3.2.3). Dabei wird der Beginn der Krankheitssymptome als Referenzdatum genommen.

Die klimatologischen Daten wurden von der "Instituto Nacional Oceanográfico de la Armada" (Nationale Institut für die Ozeanographie) kurz INOCAR und der "Instituto Nacional de Meteología en Hidrología" (Nationales Institut für Meteorologie und Hydrologie) kurz INAHMI zur Verfügung gestellt. Diese Daten beinhalten Niederschlagsmenge, relative Luftfeuchtigkeit und die Höchst- und Tiefsttemperatur, die von zwei Klimastationen über den Zeitraum 2000 bis 2009 gewonnen wurden (siehe Abschnitt 3.2.2).

Zur Erstellung des ARIMA-Modelles werden die vorliegende Zeitreihe zum Ausschalten von Rauschen mittels eines Filters dritter Ordnung geglättet. Im Anschluss werden univariate Autoregressive Modelle von jeder Zeitreihe geschätzt. Anschließend werden Kreuzkorrelationen zwischen den Input- und den Output-Zeitreihen berechnet. Zugleich werden bivariate Modelle angepasst, die die beobachtete Korrelation zwischen Zeitreihen beschreiben. Abschließend werden multiple Korrelationsanalyseprozesse durchgeführt, bei der alle Input-Zeitreihen in das Modell eingegliedert werden.

In der angewendeten Methodologie werden das Vorkommen des klassischen Denguefiebers als Output-Zeitreihe, und das hämorrhagische Denguefieber und die klimatischen Variablen (Niederschlagsmenge, relative Luftfeuchtigkeit, Tiefst- und Höchsttemperatur) als Input-Zeitreihen aufgenommen. Die Vorgehensweise zur Erzeugung der zeitlichen Modelle ist in fünf Phasen untergliedert, welche mit dem statistischen Programmpaket SAS 9.2 bearbeitet wurden.

Explorative Analyse In dieser Phase werden die Verläufe der zu modellierenden Zeitreihen graphisch dargestellt. Außerdem wird zur Ausschaltung von irregulären Schwankungen in den Zeitreihen eine Glättung dritter Ordnung als Filter benutzt.

Identifikationsphase Diese Phase entspricht dem zweiten Schritt bei der Modellierung der Zeitreihen. Hier wird der Test auf White-Noise durchgeführt, um zu überprüfen, ob die Zeitreihen nur aus Rauschen bestehen. Zusätzlich wird die Stationarität der Daten analysiert. Hierfür werden die Korrelogramme der Zeitreihen (Autokorrelationsfunktionen) verwendet. Anschließend werden die nicht stationären Zeitreihen durch Differenzverfahren in möglichst stationäre Zeitreihen umgewandelt.

Schätzungsphase Durch Verwendung der Autokorrelationsfunktionen und der partiellen Autokorrelationsfunktionen von jeder der zu modellierenden Zeitreihen wird die Ordnung der Parameter (p bzw. q) der AR bzw. MA-Modelle ermittelt. Hinterher wird die statistische Signifikanz der geschätzten Koeffizienten durch t-Tests begutachtet. Danach wird mithilfe der Autokorrelationsfunktionen der Residuen und des White-Noise Tests für die Residuen die Modellanpassungsgüte bewertet.

Im Fall der bivariaten Modelle werden zuerst Trend- und Saisonbereinigungsverfahren durchgeführt und anschließend die Kreuzkorrelationsanalyse vollzogen. Die Ergebnisse dieses Verfahrens werden durch eine Transferfunktion zu dem Modell hinzugefügt.

Diagnose und Evaluierung des geschätzten Modells. In dieser Phase werden die ausgewählten Modelle verwendet und zugleich ihre Anpassungsgüte bewertet. Dafür werden das Akaike (AIC), und Bayessche (BIC) Informationskriterium und der mittlere quadratische Fehler (MSE) angewendet.

Interpretationsphase Die geschätzten und als geeignet befundenen Modelle werden zur Prognose des Verhaltens der Krankheit verwendet und mit den tatsächlich aufgetretenen Krankenfällen verglichen. Abschließen erfolgt die Bewertung der Modelle.

Wie zuvor erläutert, wurde die Berechnung der Zeitlichen Modelle mithilfe des statistisches Programms SAS durchgeführt. Nach Angabe des SAS-Handbuchs stellt das Programm die MA-Komponente als

$$\theta(z) = 1 - \theta_1 z - \cdots - \theta_q z^q,$$
$$\Theta(z) = 1 - \Theta_1 z - \cdots - \Theta_Q z^Q,$$

dar, statt

$$\theta(z) = 1 + \theta_1 z + \cdots + \theta_q z^q,$$
$$\Theta(z) = 1 + \Theta_1 z + \cdots + \Theta_Q z^Q,$$

wie in Definition 5.17.

5.5 Statistische Auswertung und Ergebnisse

Dieser Abschnitt fasst die statistische Auswertung beziehungsweise Analyse der autoregressiven-, Kreuzkorrelations- und multiplen Kreuzkorrelationsmodelle zusammen, welche den Verlauf der klassischen Dengfieberfälle und dessen Zusammenhang mit klimatischen Variablen (Niederschlag, Luftfeuchtigkeit und Temperatur) und hämorrhagischen Dengfieberfälle beschreiben.

Im Folgenden wird die statistische Auswertung des autoregressiven Modells über die in Guayaquil, Ecuador, registrierten klassischen Dengfieberfälle durchgeführt (siehe Anschnitt 5.5.1). Anschließend werden die geschätzten Kreuzkorrelationsmodelle zwischen der geglätteten Zeitreihe der klassischen Dengfieberfälle als Output-Zeitreihe und die geglätteten Zeitreihen Niederschlag, Temperatur (Tiefst und Höchst), Luftfeuchtigkeit (Minimum und Maximum) und hämorrhagischen Dengfieberfälle als Input-Zeitreihen erläutert (siehe Anschnitt 5.5.2). Abschließend wird die Schätzung multipler Kreuzkorrelationsmodelle beschrieben (siehe Anschnitt 5.5.3).

5.5.1 Autoregressives Modell

Zur Beschreibung des Verlaufs der klassischen Denguefieberfälle, welche in Guayaquil, Ecuador, im Zeitraum 2005 − 2009 registriert wurden, wird zunächst ein autoregressives Modell mit Daten aus dem Zeitraum 2005 − 2008 geschätzt. Das geschätzte Modell wird mittels der im Jahr 2009 beobachteten Fälle bewertet. Anschließend wird die Auswertung dieses Modell dargestellt.

Explorative Analyse: In diesem Abschnitt werden die beobachteten Denguefieberfälle für den Zeitraum 2005 − 2008 dargestellt. Anhand der graphischen Darstellung der Denguefieberfälle lässt sich feststellen, dass diese Krankheit in Guayaquil ein monomodales Verhaltensmuster aufweist (vgl. Abbildung 5.5). Dieses Muster ist dadurch gekennzeichnet, dass die höchsten Werte während der ersten sechs Monate im Jahr erreicht werden und sich dann allmählich in den nächsten sechs Monaten des Jahres bis hin zu Null verringern.

Darüber hinaus wird die vorliegende Zeitreihe zum Ausschalten von Rauschen mittels eines Filters dritter Ordnung geglättet (siehe Abschnitt 5.1.4). Die Abbildung 5.5 stellt die beobachtete und geglättete Zeitreihe der registrierten Denguefieberfälle dar.

Der Verlauf der Denguefieberfälle weist eine gewisse Ähnlichkeit zu dem Verlauf der Regen- und Trockenzeit des Untersuchungsgebietes auf (vgl. Abbildung 5.9).

Identifikationsphase: Mithilfe des White-Noise Tests wird die Nullhypothese

H_0: Die Daten bestehen ausschließlich aus Rauschen,

gegen die Alternativhypothese

H_1: Die Daten bestehen nicht ausschließlich aus Rauschen,

getestet.

Die Ergebnisse des White-Noise Tests weisen in der Spalte p-Wert eine hohe Signifikanz auf (vgl. Tabelle 5.3). Das deutet darauf hin, dass die Nullhypothese H_0 abgelehnt wird, das heißt die Zeitreihe besteht nicht ausschließlich aus Rauschen und sollte durch ein geeignetes Modell angepasst werden.

Anschließend wird die Stationarität der vorliegenden Zeitreihe anhand der Autokorrelationsfunktion (ϑ_τ) (ACF) analysiert (siehe Abschnitt 5.1.6), welche in Abbildung 5.6 graphisch dargestellt ist.

Das Korrelogramm der Autokorrelationsfunktion der Denguefieberfälle zeigt eine li-

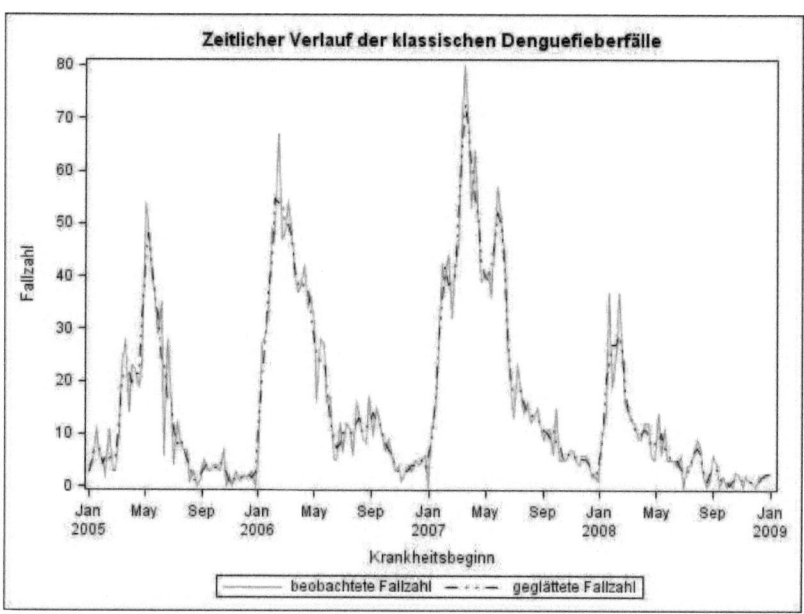

Abbildung 5.5: Verhalten der beobachteten Zeitreihe (graue kontinuierliche Linie) und der in dritter Ordnung geglätteten Zeitreihe (schwarze gestrichelte Linie), welche sich auf das Vorkommen des Denguefiebers in Guayaquil in der Zeit zwischen 2005 und 2008 bezieht. Kurven wurden aus Daten in Wochenintervallen generiert.

Zeitabstände (Lag τ)	$\tilde{Q}(r)$	DF	p-Wert	Autokorrelationen $t + \tau$					
				$t+1$	$t+2$	$t+3$	$t+4$	$t+5$	$t+6$
$t=0$	810,76	6	<0,0001	0,97	0,90	0,82	0,75	0,67	0,59
$t=6$	963,88	12	<0,0001	0,52	0,44	0,35	0,27	0,18	0,10
$t=12$	985,97	18	<0,0001	0,03	-0,04	-0,09	-0,13	-0,17	-0,20

Tabelle 5.3: Ergebnisse der Autokorrelationsprüfung auf White-Noise (weißes Rauschen) der geglätteten Zeitreihe der klassischen Denguefieberfälle. Die Spalte Zeitabstand stellt die Verzögerung der Zeitreihe dar. $\tilde{Q}(r)$ gibt den Wert der Testgröße des χ^2-Tests mit m Freiheitsgraden an, wobei m die Anzahl der beobachteten Zeitabstände bedeutet. DF gibt die Anzahl der Freiheitsgrade an. Da die Werte der Spalte p-Wert kleiner als $0,05$ sind, kann die Nullhypothese (H_0: Die Daten bestehen ausschließlich aus Rauschen) abgelehnt werden. Die Spalten $t + \tau$ zeigen die Korrelationen zwischen Z_t und $Z_{t+\tau}$ an.

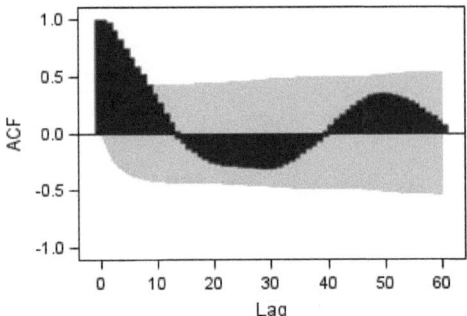

Abbildung 5.6: Korrelogramm der Autokorrelationsfunktion der geglätteten Zeitreihe Denguefieberfälle, die in Guayaquil, Ecuador, im Zeitraum 2005 − 2008 registriert wurden. Die Autokorrelationsfunktion (ACF) fällt langsam gegen Null ab. Das deutet darauf hin, dass die Zeitreihe nicht stationär ist.

neare Neigung in den ersten 12 Zeitabständen, die zum Teil ab dem Zeitabstand 52 wiederhergestellt wird (vgl. Abbildung 5.6). Das bedeutet, dass die Zeitreihe mit einer Saisonkomponente mit der Länge $s = 52$ behaftet ist. Das deutet darauf hin, dass die Zeitreihe nicht stationär ist. Aus diesem Grund wird versucht, die Zeitreihe mittels Differenzbildungen in eine möglichst stationäre Zeitreihe umzuwandeln (siehe Abschnitt 5.1.2). Um die Ordnung (d, D) des geeigneten Filters zu bestimmen, wird die Methode der variaten Differenzen angewendet (siehe Definition 5.4).

Nach der Berechnung der empirische Standardabweichungen, die für verschiedene Parameterordnungen (d, D) berechnet wurden, ergibt sich für die Zeitreihe Denguefieberfälle die Tabelle 5.4, bei der in den Spalten saisonale (D) und in den Zeilen einfache (d) gewöhnliche Differenzen $(0, 1, 2)$ stehen.

d	\multicolumn{3}{c}{D}		
	−	$(1 - B^{52})^1$	$(1 - B^{52})^2$
−	16,00	18,94	28,03
$(1 - B)^1$	3,85	5,32	9,48
$(1 - B)^2$	3,52	4,85	8,45

Tabelle 5.4: Empirische Standardabweichungen der differenzierten Denguefieber-Zeitreihe.

Ein Minimum wird beim Filter $(1 - B)^2$ angenommen. Es wurde trotzdem für die beobachteten Zeitreihe eine einfache $(1 - B)$ und eine saisonale $(1 - B^{52})$ Differenzbildung durchgeführt, da diese Kombination kleinere Werte der Gütekriterien (AIC, BIC und MSE) hervorruft, und dadurch eine bessere Modellanpassung ermöglicht (vgl. Tabelle 5.7).

Schätzungsphase: In diesem Abschnitt wird die Ordnung p und q der AR- und MA-Prozesse bestimmt. Dazu werden die empirischen Autokorrelationsfunktionen (ACF) ($\hat{\vartheta}_\tau$) bzw. (PACF) ($\hat{\pi}_\tau$) betrachtet (siehe Abschnitt 5.1.6). Die Abbildung 5.7 stellt das Korrelogramm dieser beiden Funktionen dar.

Für die verschiedenen Parameterordnungen wurden jeweils Modelle gerechnet und das Modell, welches die kleinsten Gütekriterien hervorruft (siehe Abschnitt 5.2.8), wurde ausgewählt (siehe Tabelle 5.7).

Die abgeleiteten und geschätzten Parameter zur Beschreibung der Denguefieber-Zeitreihe bilden das SARIMA $(1, 1, [3])(1, 1, 0)^{52}$ (siehe Definition 5.17). Die Angabe in der eckigen Klammer bedeutet, dass in diesem Modell die Parameter ϵ_{t-1} und ϵ_{t-2} nicht berücksichtigt wurden. Das erhaltene Modell wird folgendermaßen dargestellt

$$(1 - 0,86B)(1 + 0,55B^{52})\tilde{Z}_t = (1 - 0,96B^3)\epsilon_t,$$
$$\tilde{Z}_t = 0,86\tilde{Z}_{t-1} - 0,55\tilde{Z}_{t-52} + 0,473\tilde{Z}_{t-53} - 0,96\epsilon_{t-3} + \epsilon_t. \quad (5.29)$$

Dabei bezeichnet $\tilde{Z}_t$ die differenzierte Zeitreihe klassisches Denguefieber $(1 - B)(1 - B^{52})Z_t$, $(1 - B)$ und $(1 - B^{52})$ deuten die angewendete Trend- und Saisonbereinigung der Daten an (siehe Abschnitt 5.1.3). $(1 - 0,86B)$ und $(1 + 0,55B^{52})$ bilden die AR-Komponente ab (siehe Definition 5.11). $(1 - 0,96B^3)$ stellt die MA-Komponente dar (siehe Definition 5.12). Zur Schätzung der Modellkoeffizienten dieser Komponenten wurde die Maximum Likelihood-Methode angewendet (siehe Abschnitt 5.2.7). Die Ergebnisse werden in Tabelle 5.5 gezeigt.

Komponente (p,q)	Schätzwert	Standardfehler	t-Wert	p-Wert
MA(3)	0,96	0,04	21,78	<0,0001
AR(1)	0,86	0,04	20,61	<0,0001
AR(52)	-0,55	0,07	-7,70	<0,0001

Tabelle 5.5: Statistiken der ermittelten Parameter (p,q) für das Autoregressive Modell der geglätteten Zeitreihe der Denguefieberfälle, die im Zeitraum 2005 – 2008 in Guayaquil, Ecuador, registriert wurden.

Die Werte der Spalte p-Wert weisen statistische Signifikanz auf. Es deutet darauf hin, dass die AR- und MA-Komponenten signifikant zur Erklärung des Modells beitragen. Zusätzlich wurde die Korrelation zwischen den geschätzten Parametern ermittelt (siehe Tabelle 5.6).

Die Ergebnisse zeigen geringe Korrelation zwischen den geschätzten Parametern. Darüber hinaus wurden das Akaike- (AIC), das Bayessche-Informationskriterum (BIC) und

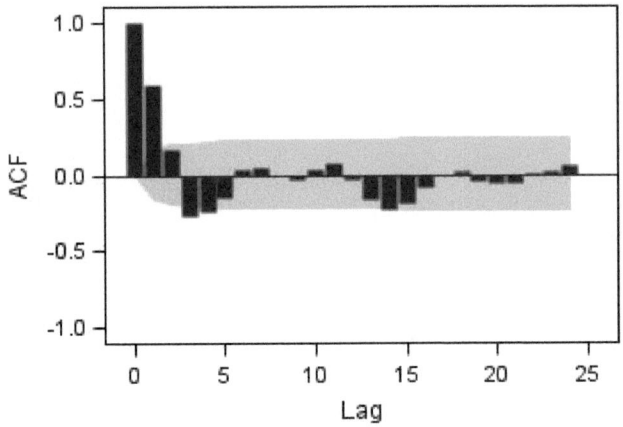

(a) Autokorrelationsfunktion

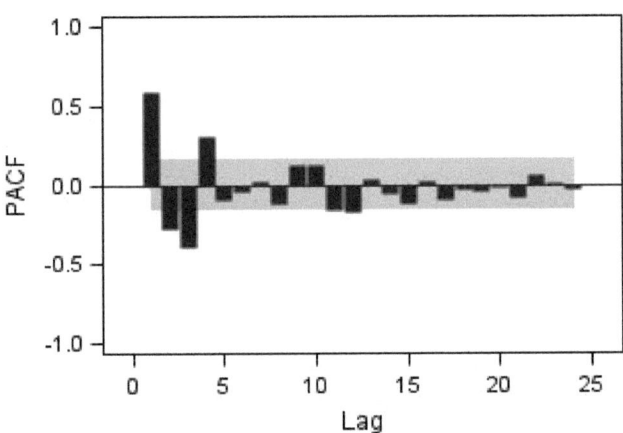

(b) partielle Autokorrelationsfunktion

Abbildung 5.7: Empirische Autokorrelationsfunktionen ACF und PACF der geglätteten Denguefieber-Zeitreihe (Dunkelblau = Autokorrelationsfunktion, Hellblau = Konfidenzband). Das Korrelogramm der ACF (Abbildung (a)) deutet darauf hin, dass die Ordnungen (1,2 und 4) für den Parameter q signifikant sein könnten. Außerdem deutet das Korrelogramm der PACF (Abbildung (b)) an, dass die möglichen Ordnungen für den Parameter p (1-4) sein könnten. Als mögliche Ordnungen für die Parameter p und q, werden diejenige Zeitabstände (*Lags*) ausgewählt, die das Konfidenzband überschreiten.

Korrelationen der Parameterschätzer			
Komponente	MA(3)	AR(1)	AR(52)
MA(3)	1,000	0,378	-0,051
AR(1)	0,378	1,000	0,023
AR(52)	-0,051	0,023	1,000

Tabelle 5.6: Korrelationen zwischen den geschätzten Parametern (p, q) des Verhaltens der Denguefieberfälle, die in der Zeit von 2005 − 2008 in Guayaquil-Ecuador, registriert wurden.

der mittlere quadratische Fehler (MSE) zur Bewertung der Modellanpassungsgüte berechnet. Tabelle 5.7 fasst die Gütekriterien der berechneten Modelle zusammen.

ARIMA	AIC	BIC	MSE	Methode
$(3, 2, 3)$	999	1005	2, 69	CLS
	1001	1008	2, 63	ML
$(1, 1, 1)$	996	1013	2, 63	CLS
	994	1010	2, 64	ML
$(3, 2, 3)(0, 1, 1)^{52}$	835	844	3, 54	CLS
	801	810	2, 45	ML
$(1, 1, [3])(1, 1, 0)^{52}$	818	828	3, 30	CLS
	799	809	2, 86	ML

Tabelle 5.7: Bewertung der Modellanpassungsgüte der berechneten ARIMA-Modelle. Die Angabe [3] in der eckigen Klammer bedeutet, dass in diesem Modell die Parameter ϵ_{t-1} und ϵ_{t-2} nicht berücksichtigt wurden.

Neben den Gütekriterien wurde in die Entscheidung für das ausgewählte Modell auch White-Noise Tests der Residuen einbezogen (siehe Abschnitt 5.2.8). Es ergeben sich die Werte AIC = 799, BIC = 809 und MSE = 2, 86 für das ausgewählte Modell.

Diagnosephase: In dieser Phase wird die Anpassungsgüte des geschätzten Modells beurteilt. Dafür wird anhand des White-Noise Tests die Nullhypothese (siehe Abschnitt 5.1.7)

H_0: Es besteht keine lineare Abhängigkeit zwischen den Residuen

gegen die Alternativhypothese

H_1: Es besteht lineare Abhängigkeit zwischen den Residuen

getestet.

Die Ergebnisse weisen keine statistische Signifikanz der Autokorrelation der Residuen auf (vgl. Tabelle 5.8, Spalte p-Wert). Die Nullhypothese wird nicht abgelehnt, das heißt, es lässt sich keine signifikante Abhängigkeit zwischen den Residuen nachweisen (siehe Abschnitt 5.1.7).

Prognose: Nach der Modellüberprüfung wurde das Modell SARIMA$(1, 1, [3])(1, 1, 0)^{52}$ angewendet, um den Verlauf des Denguefiebers im

Zeitabstand	$Q(\hat{r})$	DF	p-Wert	Autokorrelationen $t + \tau$					
				$t+1$	$t+2$	$t+3$	$t+4$	$t+5$	$t+6$
$t = 0$	5,09	3	0,165	-0,08	-0,00	0,03	-0,02	-0,08	0,12
$t = 6$	10,31	9	0,325	0,10	-0,03	-0,01	0,02	0,12	-0,05
$t = 12$	14,11	15	0,517	-0,00	-0,12	-0,00	0,01	0,07	0,02

Tabelle 5.8: Analyse der Residuen der modellierten Zeitreihe Denguefieberfälle. Die Spalte Zeitabstand stellt die Verzögerung der Zeitreihe dar. $Q(\hat{r})$ gibt den Wert der Testgröße des χ^2-Tests mit $m - p - q$ Freiheitsgraden an, wobei m die Anzahl der beobachteten Zeitabstände, p und q die Anzahl der AR- und MA-Komponenten des angepassten Modells bedeuten. DF gibt die Anzahl der Freiheitsgrade an. Da die Werte der Spalte p-Wert größer als $0,05$ sind, kann die Nullhypothese (H_0: Es besteht keine lineare Abhängigkeit zwischen den Residuen) nicht abgelehnt werden. Die Spalten $t + \tau$ stellen die erhaltene Autokorrelationen der Zeitreihe mit sich selbst und die Verzögerungen τ dar.

Jahr 2009 vorherzusagen. Die Bildung der Prognose wurde in Abschnitt 5.2.9 erläutert. Die Abbildung 5.8 stellt die Prognose dar.

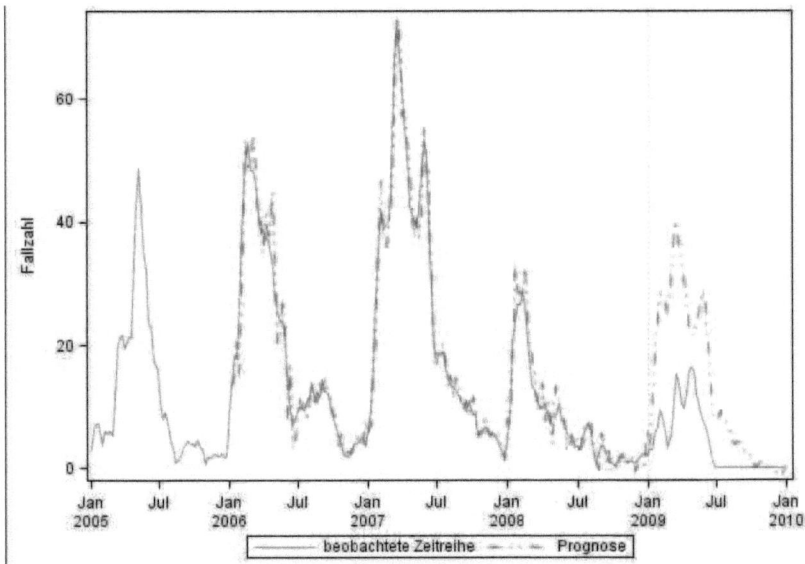

Abbildung 5.8: Prognose für das Verhalten der Denguefieberfälle für das Jahr 2009 in Guayaquil, Ecuador. Kurven wurden aus Daten in Wochenintervallen generiert.

Es wurde außerdem der Pearson-Korrelationskoeffizient (r) (siehe Gleichung 5.10) zur Bewertung der Prognose des geschätzten Modells berechnet. Hierfür wurden die beobachteten und die mittels des Modells prognostisierte Denguefieberfälle für 2009 verwendet. Es ergibt sich ein Korrelationskoeffizient von $r = 0,86$.

5.5.2 Kreuzkorrelationsmodelle

Kreuzkorrelationsmodelle werden zur Einschätzung des Zusammenhangs zwischen dem Verhalten des klassischen und hämorrhagischen Denguefiebers sowie bei dem Zusammenhang zwischen klassischen Denguefieber und den klimatischen Variablen Niederschlagsmenge, Luftfeuchtigkeit und Temperatur eingesetzt. Außerdem wird der Zusammenhang zwischen klassischen und hämorrhagischen Denguefieberfällen anhand eines Kreuzkorrelationsmodells dargestellt.

Beim Aufbau von Kreuzkorrelationsmodellen werden zuerst autoregressive Modelle der Inputzeitreihen berechnet. Hinterher wird die Korrelation zwischen der Input- und der Outputzeitreihe durch Kreuzkorrelationsanalyse bestimmt.

Es wurden die Kreuzkorrelation zwischen der Zeitreihe des klassischen Denguefiebers als Outputzeitreihe und Niederschlagsmenge, Temperatur (Tiefst- und Höchstwerte), Luftfeuchtigkeit (Minimum- und Maximum) und hämorrhagischen Denguefieber als Inputzeitreihen analysiert.

Anschließend werden die statistische Auswertung und Ergebnisse von zwei Kreuzkorrelationsmodellen als Beispiel beschrieben, welche die Variable Niederschlagsmenge und hämorrhagisches Denguefieber als Inputzeitreihen einsetzen.

Kreuzkorrelationsmodell zwischen klassischem Denguefieber und Niederschlag

Die Kreuzkorrelationsanalyse untersucht und modelliert das Vorliegen und die Verzögerung zwischen zwei Zeitreihen (Input- und Output-Zeitreihe). Im Folgenden wird die unabhängig Variable als Inputzeitreihe und die abhängige Variable als Outputzeitreihe bezeichnet. Zur Durchführung der Kreuzkorrelationsanalyse wird zuerst ein autoregressives Modell der Inputzeitreihe und anschließend das Kreuzkorrelationsmodell zwischen der Input- und der Outputzeitreihe bestimmt.

In diesem Zusammenhang wird in dem vorliegenden Abschnitt ein Kreuzkorrelationsmodell zwischen der Zeitreihe klassischer Denguefieberfälle (Outputzeitreihe) und Niederschlagsmenge (Inputzeitreihe) geschätzt. In der Folge wird die Bestimmung eines Autorregresiven Modells für die Zeitreihe Niederschlagsmenge geschätzt und hinterher in einem Kreuzkorrelationsmodell mit der Zeitreihe klassischen Denguefiebers verknüpft.

Explorative Analyse: Der erste Schritt im Modellaufbau ist die Analyse des Verhaltens der Daten, welche mittels der graphischen Darstellung der gegebenen Zeitreihen durchgeführt wird. Abbildung 5.9 stellt die Niederschlagszeitreihe und die Anzahl der

Denguefieberfälle dar.

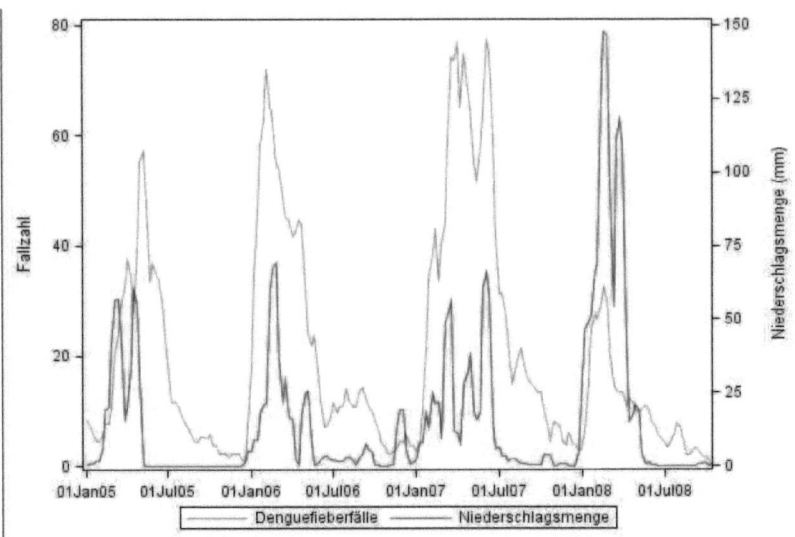

Abbildung 5.9: Verhalten der geglätteten Zeitreihen Denguefieberfälle und Niederschlag in Guayaquil, Ecuador, im Zeitraum 2005 – 2008. Kurven wurden aus Daten in Wochenintervallen generiert.

Aus der graphischen Darstellung des Verhaltens des Niederschlags ist abzulesen, dass diese Zeitreihe ein saisonales Verhalten besitzt, mit höheren Werten in den ersten sechs Monaten des Jahres und niedrigeren Werten in den letzten sechs Monaten (vgl. Abbildung 5.9). Es deutet darauf hin, dass die Niederschlagszeitreihe nicht-stationär ist.

Identifikationsphase: Die Zeitreihe wird durch die Anwendung von Differenzbildung in eine stationäre Zeitreihe umgewandelt. Zur Entscheidung, wie oft einfach und/oder saisonal differenziert werden muss, wird die Methode der variaten Differenzen verwendet (siehe Abschnitt 5.1.3).

Als Differenzenfilter für die Zeitreihe Niederschlagsmenge wird ein einfacher Differenzenfilter $d(1)$ und ein saisonaler Differenzenfilter ersten Grades $D(1)$ gewählt. Diese Kombination ergibt eine Standardabweichung von $s = 17,39$.

Nachdem die Zeitreihe in eine stationäre Zeitreihe umgewandelt wurde, wird anhand des White-Noise Tests überprüft, ob die Daten ausschließlich aus Rauschen bestehen. Hierfür wird die Nullhypothese

H_0: Die Daten bestehen ausschließlich aus Rauschen

gegen die Alternativhypothese

H_1: Die Daten bestehen nicht ausschließlich aus Rauschen

getestet.

Die Ergebnisse weisen statistische Signifikanz auf und die Nullhypothese H_0 wird folglich abgelehnt. Das bedeutet, dass die Daten eine Struktur aufweisen, die modelliert werden kann.

Schätzungsphase: Mittels der Autokorrelationsfuntionen (ACF, PACF) wird die Ordnung p und q der Prozesse AR und MA bestimmt. Die angenommenen Komponenten, welche die Zeitreihe Niederschlagsmenge beschreiben, bilden das Modell SARIMA $([1,3],1,[3])(1,1,1)^{52}$. Die Angaben in den eckigen Klammern bedeutet, dass in diesem Modell die Parameter $\tilde{N}_{t-2}$ und $\epsilon_{t-1}, \epsilon_{t-2}$ nicht berücksichtigt wurden. Dies wird folgendermaßen

$$(1 - 0,25B - 0,25B^3)\tilde{N}_t = (1 - 0,99B^3)(1 - 0,80B^{52})\epsilon_t,$$
$$\tilde{N}_t = 0,25\tilde{N}_{t-1} + 0,25\tilde{N}_{t-3} - 0,80\epsilon_{t-52} - 0,99\epsilon_{t-3} + 0,79\epsilon_{t-55} + \epsilon_t, \quad (5.30)$$

dargestellt, wobei $\tilde{N}_t$ der differenzierte Niederschlagsreihe $(1-B)(1-B^{52})N_t$ in der Woche t repräsentiert, $(1-B)$ eine einfache und $(1-B^{52})$ eine saisonale Differenzierung in der 52. Woche darstellen, $(1 - 0,25B - 0,25B^3)\tilde{N}_t$ die AR-Komponenten und $(1 - 0,99B^3)(1 - 0,80B^{52})\epsilon_t$ die MA-Komponenten darstellen.

Die Modellkoeffizienten wurden durch die Anwendung der Kleinste-Quadrate-Methode berechnet, da bei der Anwendung der Maximum-Likelihood-Methode die Residuen des Modells den White-Noise-Test nicht bestanden haben.

Es ergeben sich für die Anpassungsgütekriterien die Werte AIC $= 3167$, BIC $= 3183$ und MSE $= 10,73$. Die Korrelationen zwischen den geschätzten Parameter sind geringer als $0,20$. Das heißt, dass die Parameter nicht stark miteinander korreliert sind.

Diagnosephase: Darüber hinaus wurde die Abhängigkeit der Residuen mittels des White-Noise Tests überprüft. Die Ergebnisse sind in Tabelle 5.9 zusammengefasst.

Die Werte der Spalte p-Wert zeigen keine statistische Signifikanz. Damit wird die Nullhypothese nicht abgelehnt.

Kreuzkorrelationsanalyse: Nach der Einschätzung des Modells der Inputzeitreihe (Niederschlag) wird die Kreuzkorrelationsanalyse zwischen der Input- und der Outputzeitreihe (Denguefieberfälle) durchgeführt. Die Ergebnisse dieses Verfahrens weisen eine negative Korrelation bei der 5. Woche von $0,20$ auf. Das deutet darauf hin, dass 5

Zeitabstand	$Q(\hat{r})$	DF	p-Wert	Autokorrelationen $(t+\tau)$					
				$t+1$	$t+2$	$t+3$	$t+4$	$t+5$	$t+6$
$t=0$	3,95	2	0,1385	-0,003	0,049	-0,002	-0052	0,016	0,063
$t=6$	11,56	8	0,1718	-0,045	0,047	-0,054	0,053	0,065	0,059
$t=12$	13,08	14	0,5204	-0,032	-0,035	-0,033	-0,012	-0,001	0,005

Tabelle 5.9: Analyse der Autokorrelation der Residuen des angepassten Modells für die Zeitreihe Niederschlag. Die Spalte Zeitabstand stellt die Verzögerung der Zeitreihe dar. $Q(\hat{r})$ gibt den Wert der Testgröße des χ^2-Tests mit $m-p-q$ Freiheitsgraden an, wobei m die Anzahl der beobachteten Zeitabstände, p und q die Anzahl der AR- und MA-Komponenten des angepassten Modells bedeuten. DF gibt die Anzahl der Freiheitsgrade an. Da die Werte der Spalte p-Wert größer als $0,05$ sind, kann die Nullhypothese (H_0: Die Residuen bestehen ausschließlich aus Rauschen) nicht abgelehnt werden. Die Spalten $t+\tau$ stellen die erhaltene Autokorrelationen der Zeitreihe mit sich selbst und die Verzögerungen τ dar.

Wochen nach einem Niederschlagsereignis die Anzahl der Denguefieberfälle zunimmt.

Das berechnete Kreuzkorrelationsmodell zwischen Denguefieberfällen und Niederschlagsmenge wird folgendermaßen dargestellt

$$(1-0,86B)(1+0,55B^{52})\tilde{Z}_t = (1-0,93B^3)\epsilon_t + 0,002\tilde{N}_{t-5},$$
$$\tilde{Z}_t = 0,86\tilde{Z}_{t-1} - 0,55\tilde{Z}_{t-52} + 0,473\tilde{Z}_{t-53} - 0,93\epsilon_{t-3} + \epsilon_t + 0,002\tilde{N}_{t-5}, \quad (5.31)$$

wobei $\tilde{Z}_t$ die differenzierte Zeitreihe klassisches Denguefieberfälle $(1-B)(1-B^{52})Z_t$ bezeichnet, $(1-B)$ eine einfache und $(1-B^{52})$ eine saisonale Differenzierung in der 52. Woche repräsentiert, $\tilde{N}_t$ die Niederschlagszeitreihe mit Trend- und Saisonbereinigung $(1-B)(1-B^{52})N_t$ beschreibt. Die Modellkoeffizienten wurden durch Maximum Likelihood-Methode geschätzt (siehe Abschnitt 5.2.7).

Darüber hinaus wurde die Korrelation zwischen den geschätzten Komponenten überprüft (siehe Tabelle 5.10).

Komponente	MA(3)	AR(1)	AR(52)	Niederschlag
MA(3)	1,000	0,422	-0,001	-0,023
AR(1)	0,422	1,000	0,055	0,047
AR(52)	-0,001	0,055	1,000	0,149
Niederschlag	-0,023	0,047	0,149	1,000

Tabelle 5.10: Analyse der Korrelationen der Parameterschätzer für das Kreuzkorrelationsmodell zwischen Denguefieberfällen und Niederschlag.

Die Korrelationen übersteigen $0,50$ nicht. Es weist keine starke Korrelation zwischen den geschätzten Komponenten auf. Die Informationskriterien zur Analyse der Modellanpassungsgüte betragen AIC $= 774$, BIC $= 786$ und MSE $= 2,86$.

Kreuzkorrelationsprüfung der Residuen: Abschließend wurde die Kreuzkorrelationsprüfung der Residuen ermittelt. Die Ergebnisse sind in Tabelle 5.11 zusammengefasst.

Zeitabstand	$Q(\hat{r})$	DF	p-Wert	Autokorrelationen ($t + \tau$)					
				$t+1$	$t+2$	$t+3$	$t+4$	$t+5$	$t+6$
$t = 0$	5,66	3	0,1293	-0,102	0,006	0,014	-0,012	-0,063	0,146
$t = 6$	10,62	9	0,3030	0,100	-0,044	0,025	0,023	0,100	0,085
$t = 12$	16,88	15	0,3263	0,016	-0,169	-0,008	0,069	0,012	0,056

Tabelle 5.11: Kreuzkorrelationsprüfung der Residuen des geschätzten Modells zwischen klassischem Denguefieber und Niederschlag, die im Zeitraum 2005 – 2008 in Guayaquil, Ecuador, erhoben wurden. Die Spalte Zeitabstand stellt die Verzögerung der Zeitreihe dar. $Q(\hat{r})$ gibt den Wert der Testgröße des χ^2-Tests mit $m - p - q$ Freiheitsgraden an, wobei m die Anzahl der beobachteten Zeitabstände, p und q die Anzahl der AR- und MA-Komponenten des angepassten Modells bedeuten. DF gibt die Anzahl der Freiheitsgrade an. Da die Werte der Spalte p-Wert größer als $0,05$ sind, kann die Nullhypothese (H_0: Die Residuen bestehen ausschließlich aus Rauschen) nicht abgelehnt werden. Die Spalten $t + \tau$ stellen die erhaltene Autokorrelationen der Zeitreihe mit sich selbst und die Verzögerungen τ dar.

Die Ergebnisse deuten darauf hin, dass die Residuen keine signifikante Autokorrelationen aufweisen (vgl. Spalte p-Wert).

Interpretationsphase: Nach der Prüfung der Residuen wurde dieses Modell angewendet, um den Verlauf des klassischen Denguefiebers im Jahr 2009 vorherzusagen. Die Ergebnisse wurden mittels des Pearson-Korrelationskoeffizienten (r) bewertet. Es ergibt sich ein Korrelationskoeffizient von $r = 0,85$.

Kreuzkorrelationsmodell zwischen klassischem und hämorrhagischem Denguefieber

In diesem Abschnitt wird die Kreuzkorrelation zwischen klassischem und hämorrhagischem Denguefieber ausgewertet und modelliert. Zum Modellaufbau wird die Zeitreihe hämorrhagisches Denguefieber als Inputzeitreihe angewendet. Dafür wird zuerst ein autoregressives Modell der Inputzeitreihe berechnet und anschließend wird die Korrelation zwischen der Input- und Outputzeitreihe durch Kreuzkorrelationsanalyse bestimmt.

Explorative Analyse: In der explorativen Analyse wird das Verhalten des hämorrhagischen Denguefiebers anhand der graphischen Darstellung der Daten durchgeführt.

Die Analyse der Abbildung 5.10 lässt darauf schließen, dass das hämorrhagische Denguefieber ein saisonales Verhalten aufweist. Es deutet darauf hin, dass die Zeitreihe nicht stationär ist. Daher wird die vorliegende Zeitreihe durch die Anwendung von Differenzfiltern in eine stationäre Zeitreihe umgewandelt (siehe Abschnitt 5.1.3). Dafür wird zur Trendbereinigung eine einfache Differenzbildung erster Ordnung $d(1)$ und zur Saisonbereinigung eine saisonale Differenzbildung erster Ordnung $D(1)$ angewendet, für die

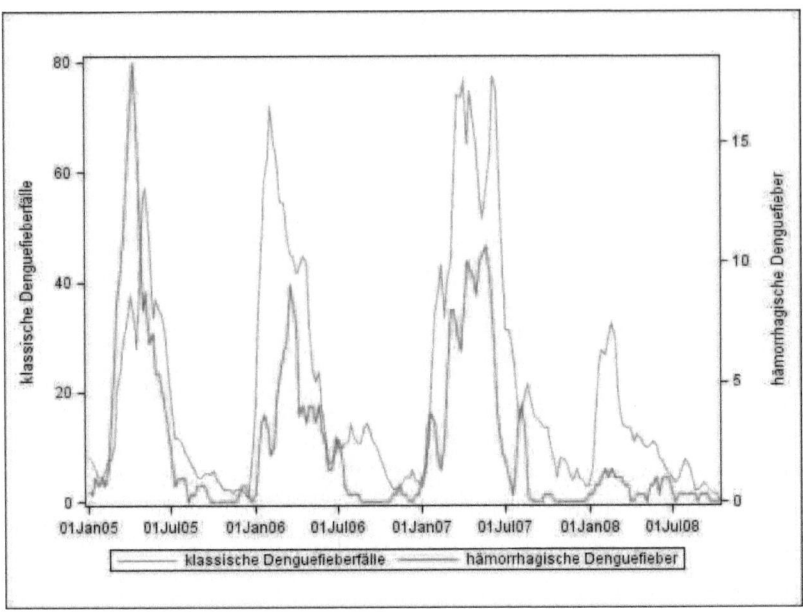

Abbildung 5.10: Verhalten des klassischen und hämorrhagischen Denguefiebers in Guayaquil, Ecuador, im Zeitraum 2005 – 2008. Kurven wurden aus Daten in Wochenintervallen generiert.

sich eine Standardabweichung von $s = 0,87$ ergibt.

Identifikationsphase: Nach der Umwandlung der gegebenen Zeitreihe in eine stationär Zeitreihe wird zunächst überprüft, ob die Daten ausschließlich aus Rauschen bestehen.

Die Ergebnisse dieser Analyse, die in Tabelle 5.12 zusammengefasst sind, sind statistisch signifikant (vgl. Spalte p-Wert). Die Daten bestehen nicht ausschließlich aus Rauschen.

Schätzungsphase: Anschließend wird mittels der empirischen Autokorrelationsfunktionen der Zeitreihe die Ordnung p und q der AR- und MA-Komponenten bestimmt. Das abgeleitete Modell ist $(3[52], 1, 0)(0, 1, 0)^{52}$. Die Angabe in der eckigen Klammer bedeutet, dass $\tilde{H}_{t-52}$ im Modell berücksichtigt wird. Die Koeffizienten dieser Komponenten wurden durch die Anwendung der Maximum-Likelihood-Methode ermittelt (siehe Abschnitt 5.2.7). Die Ergebnisse dieses Verfahrens sind in Tabelle 5.13 zusammengefasst.

Zeitabstand	$\tilde{Q}(r)$	DF	p-Wert	Autokorrelationen $(t+\tau)$					
				$t+1$	$t+2$	$t+3$	$t+4$	$t+5$	$t+6$
$t=0$	73,71	6	<0,0001	-0,019	0,207	-0,573	-0,041	-0,175	0,230
$t=6$	79,47	12	<0,0001	0,066	0,049	-0,045	-0,096	0,101	-0,078
$t=12$	106,17	18	<0,0001	0,214	-0,077	0,076	-0,245	-0,029	-0,184

Tabelle 5.12: Ergebnisse der Autokorrelationsprüfung auf *White-Noise* der Zeitreihe hämorrhagisches Denguefieber. Die Spalte Zeitabstand stellt die Verzögerung der Zeitreihe dar. $\tilde{Q}(r)$ gibt den Wert der Testgröße des χ^2-Tests mit m Freiheitsgraden an, wobei m die Anzahl der beobachteten Zeitabstände bedeutet. DF gibt die Anzahl der Freiheitsgrade an. Da die Werte der Spalte p-Wert kleiner als $0,05$ sind, kann die Nullhypothese (H_0: Die beobachtete Zeitreihe besteht ausschließlich aus Rauschen) abgelehnt werden. Die Spalten $t+\tau$ stellen die erhaltene Autokorrelationen der Zeitreihe mit sich selbst und die Verzögerungen τ dar

Komponente	Schätzwert	Standardfehler	$t-$Wert	p-Wert
AR(1)	0,115	0,051	2,24	0,0254
AR(2)	0,186	0,050	3,66	0,0003
AR(3)	-0,556	0,054	-10,14	<0,0001
AR(52)	-0,286	0,056	-5,08	<0,0001

Tabelle 5.13: Statistische Signifikanz der geschätzten Komponenten zur Beschreibung der Zeitreihe hämorrhagisches Denguefieber.

Das Modell wird folgendermaßen dargestellt

$$\tilde{H}_t = 0,11B\tilde{H}_t + 0,19B^2\tilde{H}_t - 0,56B^3\tilde{H}_t - 0,29B^{52}\tilde{H}_t + \epsilon_t. \qquad (5.32)$$

Dabei bezeichnet $\tilde{H}_t$ die differenzierte Zeitreihe hämorrhagisches Denguefieber $(1-B)(1-B^{52})H_t$. $(1-B)$ und $(1-B^{52})$ deuten wiederum eine einfache und saisonale Differenzierung in der 1. und 52. Woche an. $\tilde{H}_t$ erfasst das hämorrhagische Denguefieber in der Woche t. $B\tilde{H}$, $B^2\tilde{H}$, $B^3\tilde{H}$ und $B^{52}\tilde{H}$ bezeichnen die AR-Komponenten.

Für dieses Modell nehmen die Informationskriterien AIC, BIC und MSE die Werte AIC $= 318$, BIC $= 330$ und MSE $= 0,64$ an.

Darüber hinaus wurden die Korrelationen der geschätzten Komponenten berechnet, welche in Tabelle 5.14 zusammengefasst sind.

Korrelation zwischen der geschätzten Komponenten				
Komponenten	AR(1)	AR(2)	AR(3)	AR(52)
AR(1)	1,00	0,28	-0,21	-0,04
AR(2)	0,28	1,00	0,02	0,12
AR(3)	-0,21	0,04	1,00	-0,47
AR(52)	-0,04	0,12	-0,47	1,00

Tabelle 5.14: Korrelationen der Parameterschätzer für das autoregressive Modell der Zeitreihe hämorrhagisches Denguefieber.

Die Korrelationen der geschätzten Komponenten sind kleiner als $0,50$. Es zeigt geringe

Korrelation zwischen den geschätzten Komponenten an.

Diagnosephase: In der Diagnosephase wird die Autokorrelationsprüfung der Residuen mittels des White-Noise Tests durchgeführt.

Es wird die Nullhypothese

H_0: Die Residuen beinhalten keine Abhängigkeit

gegen die Alternativhypothese

H_1: Die Residuen beinhalten Abhängigkeit

getestet. Die Ergebnisse dieses Verfahren sind in Tabelle 5.15 zusammengefasst.

Zeitabstand	$Q(\hat{r})$	DF	p-Wert	Autokorrelationen $(t+\tau)$					
				$t+1$	$t+2$	$t+3$	$t+4$	$t+5$	$t+6$
$t=0$	2,17	2	0,337	0,000	0,040	-0,084	0,004	-0,003	-0,068
$t=6$	11,43	8	0,178	0,036	0,019	-0,011	0,101	0,160	-0,129
$t=12$	20,67	14	0,110	0,064	-0,080	-0,072	-0,108	-0,070	-0,142

Tabelle 5.15: Autokorrelationsprüfung der Residuen des autoregressiven Modells der Zeitreihe hämorrhagisches Denguefieber. Die Spalte Zeitabstand stellt die Verzögerung der Zeitreihe dar. $Q(\hat{r})$ gibt den Wert der Testgröße des χ^2-Tests mit $m-p-q$ Freiheitsgraden an, wobei m die Anzahl der beobachteten Zeitabstände, p und q die Anzahl der AR- und MA-Komponenten des angepassten Modells hindeuten. DF gibt die Anzahl der Freiheitsgrade an. Da die Werte der Spalte p-Wert größer als $0,05$ sind, kann die Nullhypothese (H_0: Die Residuen beinhalten keine Abhängigkeit) nicht abgelehnt werden. Die Spalten $t+\tau$ stellen die erhaltene Autokorrelationen der Zeitreihe mit sich selbst und die Verzögerungen τ dar.

Die Nullhypothese H_0 wird nicht abgelehnt, da die Ergebnisse keine statistische Signifikanz aufweisen (siehe Tabelle 5.15, vgl. Spalte p-Wert). Das heißt, es liegt keine signifikante Abhängigkeit in den Residuen vor. Anschließend wird die Kreuzkorrelatiosprüfung zwischen den Zeitreihen klassische und hämorrhagische Denguefieberfälle vollzogen.

Kreuzkorrelationsanalyse: Aus der Kreuzkorrelationsanalyse zwischen klassischem Denguefieber als Outputzeitreihe und hämorrhagischem Denguefieber als Inputzeitreihe ergibt sich eine positive Korrelation von $0,20$ in der 3. Woche (siehe Gleichung 5.34). Es deutet auf eine Zusammenhang zwischen den gegebenen Zeitreihen mit einer Verzögerung von 3 Wochen hin. Die ermittelte Verzögerung wurde überprüft, indem die Zeitreihe klassische Denguefieber als Inputzeitreihe und die Zeitreihe hämorrhagische Denguefieber als Outputzeitreihe definiert wurden. Diesmal ergab sich eine positive Korrelation von $0,22$ und die selbe Verzögerung von 3 Wochen (siehe Gleichung 5.33).

Das abgeleitete Kreuzkorrelationsmodell zwischen hämorrhagischem Denguefieber als

Outputzeitreihe und klassischem Denguefieber als Inputzeitreihe wird folgendermaßen dargestellt

$$(1 - 0,12B - 0,24B^2 + 0,51B^3 + 0,29B^{52})\tilde{H}_t = 0,04\tilde{Z}_{t-3},$$
$$\tilde{H}_t = 0,12\tilde{H}_{t-1} + 0,24\tilde{H}_{t-2} - 0,51\tilde{H}_{t-3} - 0,29\tilde{H}_{t-52} + 0,04\tilde{Z}_{t-3}. \quad (5.33)$$

Das abgeleitete Kreuzkorrelationsmodell zwischen klassischem Denguefieber als Outputzeitreihe und hämorrhagischem Denguefieber als Inputzeitreihe wird folgendermaßen dargestellt

$$(1 - 0,87B)(1 - 0,55B^{52})\tilde{Z}_t = (1 - 0,94B^3)\epsilon_t + 0,66\tilde{H}_{t+3},$$
$$\tilde{Z}_t = 0,87\tilde{Z}_{t-1} + 0,55\tilde{Z}_{t-52} - 0,4785\tilde{Z}_{t-53} - 0,94\epsilon_{t-3} + \epsilon_t + 0,66\tilde{H}_{t+3}, \quad (5.34)$$

wobei $\tilde{Z}_t$ die differenzierte Zeitreihe klassisches Denguefieber $(1-B)(1-B^{52})Z_t$ bezeichnet, $(1-B)$ eine einfache Differenzierung und $(1-B^{52})$ eine saisonale Differenzierung in der 52. Woche darstellen, $\tilde{H}_t$ die differenzierte Zeitreihe hämorrhagisches Denguefieber $\tilde{H}_t = (1-B)(1-B^{52})H_t$ bezeichnet.

Die Koeffizienten der Gleichung 5.34 wurden mithilfe der Maximum-Likelihood-Methode geschätzt (siehe Abschnitt 5.2.7). Die Statistiken dieses Modell sind in Tabelle 5.16 zusammengefasst.

Komponente	Schätzwert	Standardfehler	$t-$Wert	p-Wert	Verschiebung
MA(3)	0,945	0,039	23,88	<0,0001	-
AR(1)	0,867	0,042	20,35	<0,0001	-
AR(52)	-0,547	0,074	-7,36	<0,0001	-
DHF	0,657	0,285	2,30	0,0212	3

Tabelle 5.16: Schätzung der Komponente des Kreuzkorrelationsmodells zwischen den Zeitreihen klassisches und hämorrhagisches Denguefieber.

Die Spalte p-Wert zeigt statistische Signifikanz für die geschätzten Komponenten. Es deutet darauf hin, dass die geschätzten Komponenten signifikant zur Erklärung des Modells beitragen. Darüber hinaus wurde die Korrelation zwischen den geschätzten Komponenten berechnet. Die Ergebnisse sind in der Tabelle 5.17 zusammengefasst.

Die Korrelationen zwischen Komponenten überschreiten $0,40$ nicht (vgl. Tabelle 5.17), das heißt es liegt keine starke Kollinearität zwischen den geschätzten Komponenten vor. Für die Anpassungsgütekriterien ergeben sich die Werte AIC $= 781$, BIC $= 793$ und MSE $= 2,83$.

Abschließend wird die Kreuzkorrelationsprüfung der Residuen des Modells anhand des

Komponente	MA(3)	AR(1)	AR(52)	DHF
MA(3)	1,000	0,368	-0,003	0,016
AR(1)	0,368	1,000	0,049	0,019
AR(52)	-0,003	0,049	1,000	-0,055
DHF	0,016	0,019	-0,055	1,000

Tabelle 5.17: Korrelationen der Parameterschätzer für das Kreuzkorrelationsmodell zwischen klassisches und hämorrhagisches Denguefieber.

White-Noise Tests ausgewertet.

Zeitabstand	$Q(\hat{r})$	DF	p-Wert	Autokorrelationen $(t+\tau)$					
				$t+0$	$t+1$	$t+2$	$t+3$	$t+4$	$t+5$
$t=0$	4,16	3	0,2446	-0,039	-0,036	0,029	-0,022	-0,115	0,093
$t=6$	9,70	9	0,3750	0,144	-0,049	-0,016	0,083	0,060	-0,012
$t=12$	12,81	15	0,6169	-0,044	-0,099	-0,015	0,037	0,050	0,047

Tabelle 5.18: Kreuzkorrelationsprüfung der Residuen mit Eingabe von hämorrhagischem Denguefieber. Die Spalte Zeitabstand stellt die Verzögerung der Zeitreihe dar. $Q(\hat{r})$ gibt den Wert der Testgröße des χ^2-Tests mit $m - p - q$ Freiheitsgraden an, wobei m die Anzahl der beobachteten Zeitabstände, p und q die Anzahl der AR- und MA-Komponenten des angepassten Modells hindeuten. DF gibt die Anzahl der Freiheitsgrade an. Da die Werte der Spalte p-Wert größer als $0,05$ sind, kann die Nullhypothese (H_0: Die Residuen beinhalten keine Abhängigkeit) nicht abgelehnt werden. Die Spalten $t + \tau$ stellen die erhaltene Autokorrelationen der Zeitreihe mit sich selbst und die Verzögerungen τ dar.

Die Ergebnisse zeigen keine statistische Signifikanz (vgl. Tabelle 5.18, Spalte p-Wert). Das geschätzte Modell passt sich gut an die Daten an.

Interpretation: Nach der Prüfung der Residuen wurde dieses Modell angewendet, um den Verlauf des klassischen Denguefiebers im Jahr 2009 vorherzusagen. Die Ergebnisse wurden mittels des Pearson-Korrelationskoeffizient (r) bewertet (siehe Definition 5.8). Es ergibt sich ein Korrelationskoeffizient von $r = 0,86$.

Neben der Schätzung von Kreuzkorrelationsmodellen wurden multiple Kreuzkorrelationsmodelle zur Bewertung des Einflusses der Inputzeitreihen auf das Vorkommen von klassischem Denguefiebern geschätzt. Anschließen werden die geschätzten Modelle beschrieben.

5.5.3 Multiple Kreuzkorrelationsmodelle

Zur Schätzung des multiplen Kreuzkorrelationsmodells werden alle Variablen, mit denen eine signifikante Korrelation in der Kreuzkorrelationsanalyse gefunden wurde, als Inputzeitreihen in das Modell eingegliedert. Das Modell wurde mithilfe der Maximum-Likelihood-Methode geschätzt. Die Statistiken dieses Modell sind in Tabelle 5.19 zusammengefasst.

Komponente	Schätzwert	Standardfehler	t-Wert	p-Wert	Verschiebung
MA(3)	0,931	0,042	22,30	<0,0001	-
AR(1)	0,873	0,044	19,60	<0,0001	-
AR(52)	-0,528	0,077	-6,83	<0,0001	-
Niederschlag	-0,0419	0,019	-2,23	0,026	5
Tiefsttemperatur	-0,244	0,522	-0,47	0,640	6
Min. Luftfeuchtigkeit	0,39	0,28	1,40	0,1638	3
DHF	0,58	0,289	2,00	0,045	3

Tabelle 5.19: Berechnete Komponente für das multiple Korrelationsmodell, welches die Zeitreihe klassisches Denguefieber als *Outputzeitreihe* und sowohl hämorrhagisches Denguefieber als auch klimatische Elemente als *Inputzeitreihen* beinhaltet.

Für die Anpassungsgütekriterien ergeben sich die Werte AIC = 765, BIC = 787 und MSE = 2,82. Die Ergebnisse der Kreuzkorrelationsprüfung der Residuen zeigen keine statistische Signifikanz. Es deutet darauf hin, dass keine signifikante Abhängigkeiten in die Residuen vorliegen.

Wie Tabelle 5.19 zu entnehmen ist, sind nur die Zeitreihen Niederschlag und hämorrhagisches Denguefieber von statistischer Bedeutung für das Modell (vgl. Spalte p-Wert). Daher wird ein neues Modell berechnet, welches nur diese Variablen als Inputzeitreihen enthält.

Das reduzierte multiple Kreuzkorrelationsmodell wurde mithilfe der Maximum-Likelihood-Methode geschätzt. Die Statistiken dieses Modell sind in Tabelle 5.20 zusammengefasst.

Komponente	Schätzwert	Standardfehler	t-Wert	p-Wert	Verschiebung
MA(3)	0,978	0,068	14,41	<0,0001	-
AR(1)	0,881	0,042	21,19	<0,0001	-
AR(52)	-0,529	0,075	-7,05	<0,0001	-
Niederschlag	-0,044	0,018	-2,40	0,016	5
DHF	0,599	0,281	2,13	0,033	3

Tabelle 5.20: Berechnete Komponente für das reduzierte multiple Korrelationsmodell, welches die Zeitreihe klassisches Denguefieber als Outputzeitreihe und Niederschlag und hämorrhagisches Denguefieber als Inputzeitreihen beinhaltet.

Darüber hinaus wurde die Korrelation zwischen den Komponenten bewertet (siehe Tabelle 5.21).

Die Ergebnisse weisen keine starke Korrelation (unter 0,40) auf. Für die Anpassungsgütekriterien ergeben sich die Werte AIC = 781, BIC = 793 und MSE = 2,83 (vgl. siehe Tabelle 5.22). Die Ergebnisse der Kreuzkorrelationsprüfung der Residuen zeigen keine statistische Signifikanz. Es deutet darauf hin, dass keine signifikante Abhängigkeiten bei den Residuen vorliegen.

Komponente	MA(3)	AR(1)	AR(52)	Niederschlag	DHF
MA(3)	1,000	0,395	0,035	-0,089	-0,012
AR(1)	0,395	1,000	0,068	-0,067	0,002
AR(52)	0,035	0,068	1,000	-0,107	-0,092
Niederschlag	-0,089	-0,067	-0,107	1,000	0,055
DHF	-0,012	0,002	-0,092	0,055	1,000

Tabelle 5.21: Kollinearität der geschätzten Komponenten für das reduzierte Korrelationsmodell, welches die Zeitreihe klassische Denguefieber als Outputzeitreihe und Niederschlag und hämorrhagische Denguefieber als Inputzeitreihe beinhaltet.

Zeitreihen	AIC	BIC	MSE
DF	799	809	2,86
DF, DHF	781	793	2,83
DF, F	785	797	2,87
DF, N	774	786	2,86
DF, T	768	780	2,85
Alle Zeitreihen	767	789	2,81

Tabelle 5.22: Anpassungsgütekriterien der berechneten Modelle (DF: klassisches Denguefieber, DHF: hämorrhagische Denguefieber, F: Luftfeuchttigkeit, N: Niederschlag, T: Tiefsttemperatur).

5.6 Diskussion

Das Verhalten der Dengueepidemien ist bereits in vielen Studien untersucht worden. Dabei wurde ein Zusammenhang zwischen dem Vorkommen des Denguefiebers, der Überträgermücke und den klimatischen Variablen festgestellt. In diesem Zusammenhang haben Forscher wie zum Beispiel FOCKS ET AL. (1993) und HOPP & FOLEY (2003) Simulationsmodelle über den Einfluss der klimatischen Elemente Temperatur und Luftfeuchtigkeit auf die Population der *A. aegypti* entwickelt.

Außerdem haben Autoren wie PROMPROU ET AL. (2006); WU ET AL. (2007) und LUZ ET AL. (2008) das Vorkommen des Denguefiebers in Bezug auf die klimatischen Bedingungen mithilfe von Zeitreihenanalysen betrachtet. Von dieser Tatsache ausgehend wurde in der vorliegenden Arbeit der Zusammenhang zwischen dem Ablauf der klimatischen Erscheinungen und dem Ausbruch der Denguefieberfälle untersucht.

Dabei wird der Verlauf der Denguefieberfälle vor allem in Bezug auf den Niederschlagsverlauf und seine Menge analysiert. Mittels einer zeitlichen Korrelationsanalyse (siehe Abschnitt 5.5.2) wurde eine negative Korrelation ($-0,28$) mit einer Verschiebung von fünf Wochen zwischen beiden Zeitreihen nachgewiesen. Die gefundene Verzögerung ähnelt den Ergebnissen von DEPRADINE & LOVELL (2004), die das Vorkommen von Denguefieberfällen in Barbados in der Zeit zwischen 1995 und 2000 untersucht haben. Sie wenden auch das Verfahren der Kreuzkorrelationsanalyse an. Ihre Ergebnisse stellen eine Verzögerung des Denguefieberauftretens von sechs Wochen für erhöhte Luftfeuchtigkeit und sieben Wochen nach Beginn der Niederschläge fest.

Die gefundene Verzögerung zwischen Niederschlag und klassischem Denguefieber in der vorliegende Arbeit entspricht einer allgemeinen Tendenz in dem Verlauf beider Zeitreihen während der analysierten Zeitraum (2005 − 2008).

Unter Berücksichtigung der Abbildungen 5.9 und 5.11 lässt sich vermuten, dass die Denguefieberhäufigkeit stärker von der Länge der Niederschlagsperiode als von der Höhe der Niederschläge abhängt. Insbesondere im Jahr 2008 treten bei sehr hohen Niederschlägen, die offensichtlich in nur vier Monaten (Januar, Februar, März, April) fallen, deutlich weniger Krankheitsfälle auf als in den Vorjahren (zumindest in 2006 und 2007) mit deutlich längeren Regenperioden. In diesen beiden Jahren kommen verhältnismäßig kleine Niederschlagsmenge bis hinein in die "Trockenzeit" vor. Allerdings scheinen auch andere Faktoren von maßgeblicher Bedeutung zu sein wie der Vergleich von 2005 und 2008 annehmen lässt. 2005 wurde bei relativ geringen Gesamtniederschlägen mit Konzentration auf vier Monate eine wesentlich höhere Anzahl an Erkrankungen verzeichnet als 2008 bei gleicher Dauer der Regenzeit und dreifach höherer Niederschlagsmenge. Daraus lässt sich schließen, dass häufige kleinere Regenfälle weit mehr Denguefieberfälle auslösen als kurze Starkniederschläge.

In Bezug auf das Verhalten der Höchst- und Tiefsttemperatur (mittleres Maximum und Minimum der Temperatur) erkennt man einen ähnlichen Verlauf wie beim Denguefieber (siehe Abbildung 5.12). Das bedeutet, dass je höher die Temperatur, umso höher ist die Wahrscheinlichkeit des Denguefieberauftretens. Diese Gegebenheit könnte durch die Einwirkung der Temperatur auf die Reproduktionsdauer der Virusüberträgermücke hervorgerufen sein (siehe Abschnitt 2.2), die somit auf die Geschwindigkeit der Verbreitung der Krankheit Einfluss nimmt (siehe Abschnitt 2.3) wie auch andere Autoren (unter anderen FOCKS ET AL. (1993); BESERRA ET AL. (2006); KOLIVRAS (2006), GATRELL & ELLIOTT (2009, S.230)) ebenfalls festgestellt haben.

Die Ergebnisse der Kreuzkorrelationsanalyse zwischen klassischem Denguefieber und mittlere Maxima-Temperatur weisen keinen Zusammenhang auf. Der Grund für diesen Befund könnte in den relativ geringen Schwankungen $(5-6°)$ bei hohem Gesamtniveau der Temperatur (nicht unter $18°$) im Untersuchungsbereich liegen.

Darüber hinaus wurde eine Kreuzkorrelationsanalyse zwischen den Zeitreihen von klassischem und hämorrhagischem Denguefieber durchgeführt. Dabei wurde eine Verzögerung von 3 Wochen festgestellt. Das bedeutet, dass in der Regel drei Wochen nachdem Fälle des klassischen Denguefiebers registriert wurden, auch verstärkt Fälle der hämor-

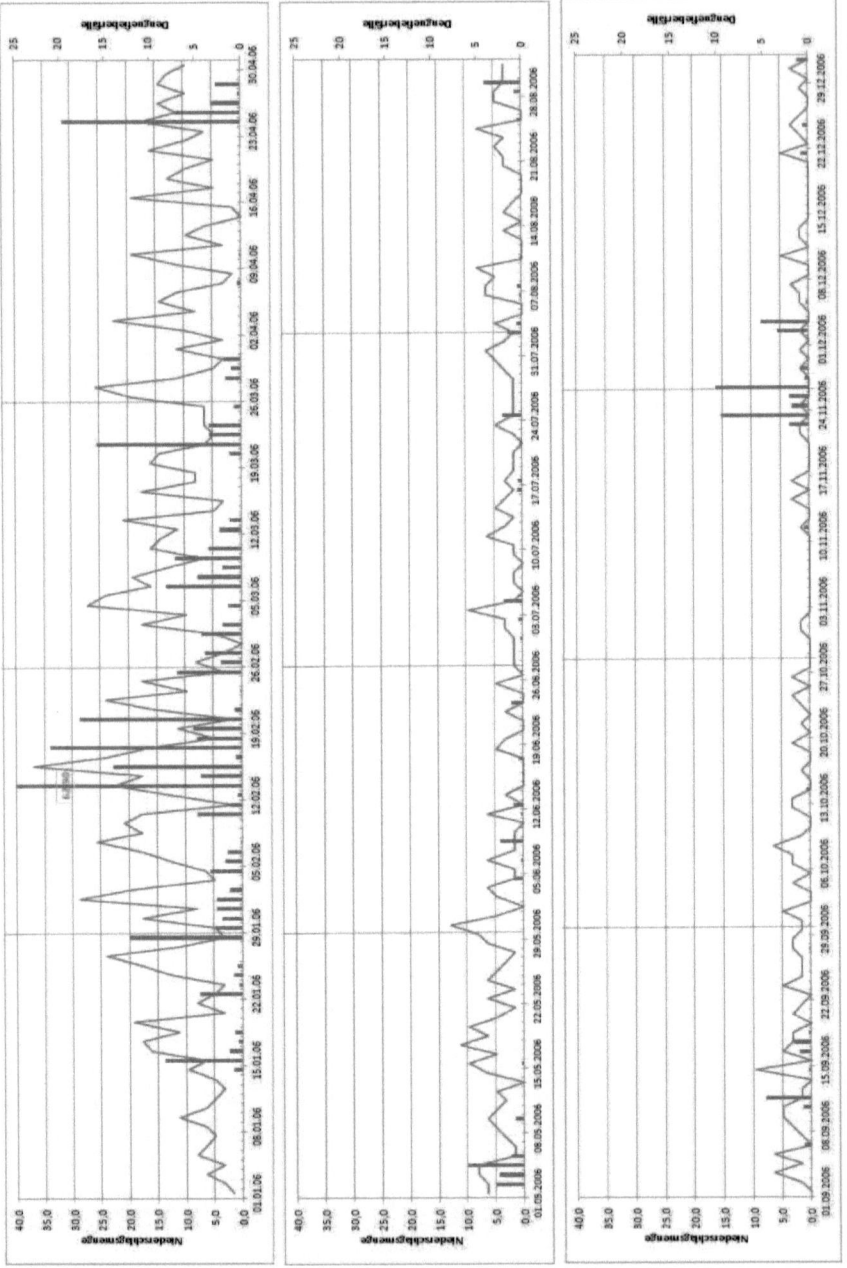

Abbildung 5.11: Registrierte Denguefieberfälle und Niederschlagsmenge zwischen Januar- und Dezember-2006 in Guayaquil, Ecuador (Quelle: Klimastation INOCAR; MSP).

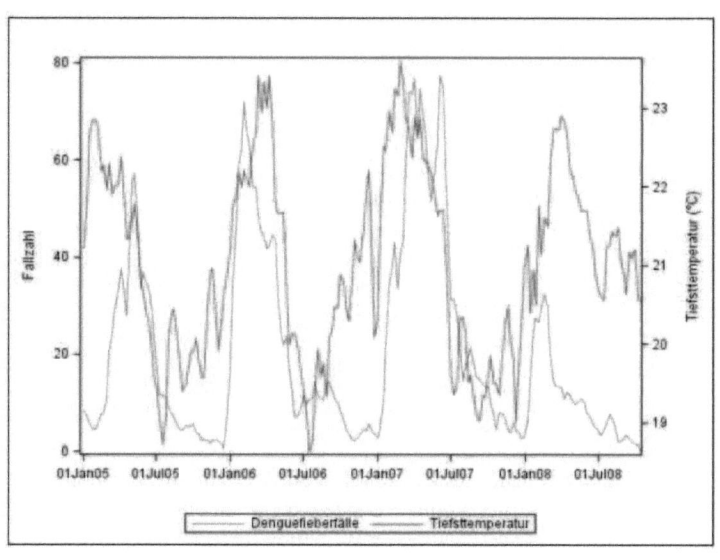

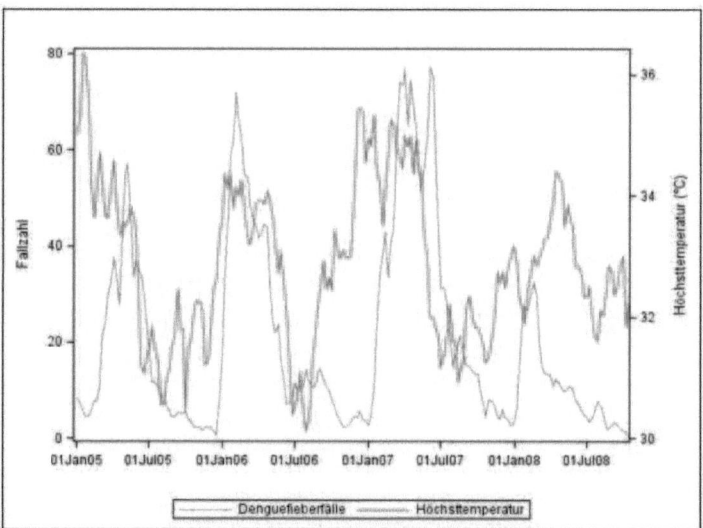

Abbildung 5.12: Jährlicher Verlauf der Denguefieberfälle (graue Linie) und Tiefsttemperatur "mittleres Minimum"(dunkelrot Linie) bzw. Höchsttemperatur "mittleres Maximum"(rote Linie) in der Zeit zwischen 2005 und 2008 in Guayaquil, Ecuador. Kurven wurden aus Daten in Wochenintervallen generiert.

rhagischen Form auftreten. Diese Tendenz trifft allerdings nicht unbedingt auf alle Jahre zu, wie zum Beispiel im Jahr 2005 zu sehen ist (vgl. Abbildung 5.10). Dies könnte seinen Grund in der mangelndern Representanz wegen der geringen Anzahl an gemeldeten Fällen haben.

Die Tabelle 5.23 fasst die Zeitspanne der Krankheitsübertragung (siehe Abschnitt 2.3, Abbildung 2.2) und der Entwicklung der Überträgermücke (siehe Abschnitt 2.4) zusammen.

Prozess	Minimum	Maximum
Entwicklung der Überträgermücke	7	12
Extrinsische Inkubationszeit des Virus (in Mücke)	7	14
Intrinsische Inkubationszeit des Virus (in Person)	5	8
Gesamtzeit	**21**	**34**

Tabelle 5.23: Dauer der Entwicklung der Überträgermücke und der extrinsischen und intrinsischen Inkubationszeit des Virus in Tagen.

Der gesamte Prozess dauert in etwa einen Monat. Die Dauer des oben genannten Entwicklungsprozesses wurde mit den Ergebnissen der Kreuzkorrelationsanalyse verglichen (siehe Tabelle 5.24).

Inputzeitreihen	Korrelation	Gefundene Verzögerung in Wochen	in Tagen
Niederschlag	$-0,28$	5	35
Minimum Luftfeuchtigkeit	$0,21$	6	42
Hämorrhagische Denguefieber	$0,16$	3	21

Tabelle 5.24: Beobachtete Verzögerung zwischen der Outputzeitreihe (Klassische Denguefieber) und den Inputzeitreihen (klimatische Elemente) mithilfe der Kreuzkorrelationsanalyse.

Wenn man die Ergebnisse der Kreuzkorrelationsanalyse zwischen den Zeitreihen der klassischen Denguefieberfälle (als Inputzeitreihe) und den klimatischen Elementen sowie zwischen klassischen und hämorrhagischen Denguefieberfällen (als Outputzeitreihen) bezüglich der Zeitspanne der Entwicklung der Mücke und der Krankheitsübertragung bewertet, erscheint die gefundene Verzögerung plausibel. Die Schätzung der Verzögerung entspricht der benötigten Zeit zur Entwicklung der Mücke und des Virus sowohl in der Überträgermücke als auch in der infizierten Person.

Dies ist die erste Untersuchung, welche die Zeitabhängigkeit des Vorkommens des Denguefiebers in Guayaquil betrachtet. Sie offenbart, dass etwa einen Monat nach Auftreten der Niederschläge mit einem starken Anstieg der Denguefieberfälle und nach weiteren vier Wochen mit vermehrten hämorrhagischen Denguefieberfällen zu rechnen ist. Diese Erkenntnisse erlauben nun in der Praxis eine geeignete Strategie für zielgerichtete Vorsorgevorkehrungen und Bekämpfungsmaßnahmen zu entwickeln.

Die Zeitreihenanalysen zeigen eine eindeutige Konzentration des Denguefiebervorkommens in der Regenzeit. Ob es ein ähnlich gehäuftes Vorkommen auch bei der räumlichen Verteilung und damit mögliche Schwerpunkte der örtlichen Bekämpfung gibt, soll im folgenden Kapitel 6 untersucht werden.

Kapitel 6

Raumanalyse

Die Kartierung unregelmäßiger Ereignisse, wie zum Beispiel Krankheitsfälle, ist ein wichtiges Verfahren, um die Analyse räumlicher Zusammenhänge zwischen dem Vorkommen von Krankheitsfällen und der Umwelt fundiert durchzuführen.

Eine der historisch bekanntesten Anwendungen der Raumanalyse im Gesundheitswesen (*Geomedizin*) ist die Untersuchung des Cholera-Ausbruchs in London von *John Snow* (1854), die durch die Kartierung der Erkrankungsfälle eine Wasserpumpe als Ursache identifizierte (GATRELL ET AL. (1996)). Die räumliche Statistik wird trotz dieser frühen Einsätze erst seit den 80er Jahren des $20.Jh.$ als eigenständiges Gebiet anerkannt. Inzwischen steht umfangreiche Literatur über dieses Thema zur Verfügung wie zum Beispiel CRESSIE (1993), BAILEY & GATRELL (1995), PFEIFFER ET AL. (2008) und WALLER & GOTWAY (2004).

Ziele des vorliegenden Kapitels sind:

1. Die räumliche Charakterisierung der Risikogebiete des Denguefiebers durch die Anwendung von räumlichen Korrelationsverfahren und Regressionsmodellen,

2. Die Erstellung einer Risikokarte,

3. Die Bewertung des Einflusses umweltbezogener und sozioökonomischer Eigenschaften des Raumes auf das Vorkommen von Denguefieberfällen.

Dabei wird der Einfluss der umweltbezogenen und sozio-ökonomischen Faktoren auf die Denguefieber-Inzidenz im Zeitraum von 2005 − 2009 in Guayaquil-Ecuador untersucht. In dem Zusammenhang wird auf die folgenden Fragestellungen eingegangen:

- Ist das Vorkommen von Denguefieberfällen räumlich autokorreliert?

- Liegen lokale Häufungen mit höherem Denguefieber-Vorkommen im Untersuchungsgebiet vor?
- Haben umweltbezogene und sozioökonomische Faktoren Einfluss auf das Auftreten von Denguefieber?

Hierbei werden zunächst Grundeigenschaften der räumlichen Datentypen in Abschnitt 6.1 vorgestellt. Darüber hinaus werden räumlich-statistische Verfahren in Abschnitt 6.2 erläutert, welche zur Charakterisierung der Verhaltensmuster räumlicher Phänomene eingesetzt werden können. Anschließend werden die Materialien und das methodische Vorgehen zur Analyse der Daten im Abschnitt 6.4 behandelt. Hierbei werden räumliche Muster des Auftretens von Morbidität sowie umweltbezogene und sozioökonomische Faktoren untersucht, die die Verbreitung von Denguefieber in Guayaquil, Ecuador, beeinflussen können. Im Abschnitt 6.5 werden die Ergebnisse dargestellt. Abschließend wird eine Diskussion der Ergebnisse durchgeführt und im Abschnitt 6.6 wiedergegeben.

6.1 Grundkonzepte der Raumanalyse

Im Folgenden werden einige Konzepte zur Analyse raumbezogener Daten beschrieben, die sich nur auf die Lagekoordinaten x und y beschränken und nicht die Höhenkoordinaten z einbeziehen.

6.1.1 Raumbezogene Daten

Raumbezogene Daten sind Messungen beziehungsweise Beobachtungen, denen räumliche Koordinaten (x und y) zugeordnet sind, die bei der Analyse und Interpretation berücksichtigt werden. Nach DREESMAN (2004, S. 72) werden drei Typen von raumbezogenen Daten unterschieden: Punkt-, Regional- (Polygon) und kontinuierliche (Raster) Daten.

- Bei *Punktdaten* liegen die räumlichen Informationen stets als Koordinaten vor, wobei jeder Datenpunkt ein Ereignis vertritt. Hier ist allein der Ort von Interesse, an dem das Ereignis vorkommt. Dies kann zum Beispiel bei epidemiologischen Fragestellungen der Ort des Auftretens eines Krankheitsfalls sein.
- Bei *Regionaldaten* werden die Ereignisse meist nach administrativen Grenzen (zum Beispiel Gemeinden, Regierungsbezirke, Volkszählungsbezirke) aggregiert. Die Analyse dieser Datentypen betrifft die Identifikation systematischer Unterschiede zwischen den Regionen und deren Erklärung durch Kovariablen, was zum

Beispiel mittels räumlicher Regressionsanalyse durchgeführt werden kann (siehe Abschnitt 6.2.6).

- Bei *räumlich kontinuierlichen* Daten handelt es sich um Messwerte, wie zum Beispiel Messungen von Niederschlag oder Temperatur, die an beliebigen Orten erhoben werden können aber nur an bestimmten Orten gemessen werden. Anhand der Messung solcher Daten können Prognosen abseits der Messpunkte erstellt werden.

Punkt- und Regionaldaten sind in der räumlichen Epidemiologie von besonderem Interesse, da sie direkte Aussagen über die Verteilung von Krankheiten ermöglichen (WALLER & GOTWAY (2004, S. 156)). Punktdaten haben im Vergleich zu Regionaldaten genauere räumliche Information. Aus Plausibilitäts- und Datenschutzgründen ist jedoch die Genauigkeit einer räumlichen Punktinformation über Krankheiten schwer zu erhalten. So wird zum Beispiel bei der vorhandenen Studie zu Denguefieber nicht die genaue Adresse der erkrankten Person auf der Karte positioniert, sondern der Häuserblock, in dem diese wohnt.

6.1.2 Statistische Maßzahlen

Raumbezogene Daten werden wie ein stochastischer Prozess behandelt, welcher in der Form $Y(s), s \in R$ dargestellt werden kann. Ein räumlicher Prozess wird allgemein mit Y bezeichnet und der Beobachtungswert des Prozesses am Punkt s_i mit $Y(s_i)$ (CRESSIE (1993, S.13)).

Ein Punktprozess kann beispielsweise wie eine Reihe von Ereignissen an unterschiedlichen Positionen $s_i, i = 1, \ldots, n$ einer definierten Region R repräsentiert werden. Jedes dieser Ereignisse ist durch zwei Koordinaten s_{i1} und s_{i2} charakterisiert, die der geographischen Breite und Länge (x und y-Koordinaten) entsprechen (GATRELL ET AL. (1996)).

Die Charakteristiken eines räumlich-stochastischen Prozesses können durch die sogenannten Momente erster und zweiter Ordnung beschrieben werden. Das Moment erster Ordnung deutet auf die Intensität $\lambda(s)$ des beobachteten Phänomens in Teilregionen A eines Untersuchungsgebietes R hin. Das Moment zweiter Ordnung oder die räumliche Abhängigkeit von einem Punktprozess umfasst die Verhältnisse zwischen mehreren Ereignissen in Paaren von Teilregionen A innerhalb von R (GATRELL ET AL. (1996)). Die Darstellung solcher Abhängigkeiten werden graphisch mittels eines Kovariogramms vorgestellt.

6.1.3 Isotropie und Stationaritätsannahme

Ein Punktprozess wird als *mittelwertstationär* bezeichnet, wenn er keine globale oder lokale Tendenz aufweist, das heißt, seine Intensität $\lambda(s)$ unabhängig von seiner absoluten Position s im gesamten Untersuchungsgebiet R konstant ist, das heißt,

$$\lambda(s) = \lambda \quad \forall s.$$

Darüber hinaus wird ein Punktprozess als *kovarianzstationär* bezeichnet, wenn die Kovarianz γ nur von der Distanz d zwischen s_i und s_j und nicht von ihrer absoluten Position abhängt, das heißt,

$$\gamma(s_i, s_j) = \gamma(s_i - s_j) = \gamma(d).$$

Raumbezogene Daten werden als *isotrop* bezeichnet, wenn ihre stationäre Kovarianz $\gamma(d)$ nur von der Distanz d zwischen s_i und s_j und nicht von deren Richtung abhängt (BAILEY & GATRELL (1995, S.33), GATRELL ET AL. (1996)). Wie die räumliche Analyse umzusetzen ist, wird im nächsten Abschnitt gezeigt.

6.2 Methoden

Die Methoden zur Bestimmung und Modellierung raumbezogener Daten werden in drei Gruppen zusammengefasst.

1. Räumliche Autokorrelationsanalyse (*Clustering*)

2. Räumliche Häufungsanalyse

3. Räumliche Regressionsanalyse

Eine räumliche Autokorrelation kann mit globalen oder lokalen Messgrößen geprüft werden. Als globales Maß wird häufig der Morans I-Koeffizient verwendet, welcher in Form eines Index I eine Aussage über das Vorhandensein von Clustering (Konzentrationseffekten) im gesamten Untersuchungsgebiet ermöglicht (siehe Abschnitt 6.2.3).

Das entsprechende lokale Maß nennt man LISA (*Local indicators of spatial association*) (ANSELIN (1995)). LISA Kennzahlen messen für jede einzelne Region die nachbarschaftlichen Beziehungen. Die inzwischen breite Anwendung dieser Indizes liegt darin begründet, dass räumliche Abhängigkeiten meistens nicht in allen Regionen gleich groß (homogen), sondern lokal unterschiedlich ausgeprägt sind. Es gibt also häufig Gruppen oder Cluster von Regionen mit über- oder unterdurchschnittlichen Werten einer Variablen (räumliche Konzentration) und gleich oder entgegengesetzter Orientierung (positiver und negativer räumlicher Autokorrelation) nebeneinander. Diese kann man mithilfe von LISA-Berechnungen identifizieren (siehe Abschnitt 6.2.4).

Die Einflussfaktoren zur Erzeugung solcher Häufungen können mittels räumlicher Regressionsanalysen untersucht werden (siehe Abschnitt 6.2.6).

Um die räumliche Abhängigkeit einer beliebigen Krankheit zu bestimmen, ist es vor der Anwendung der oben genannten Methoden erforderlich, die räumliche Inzidenz der vorhandenen Krankheit abzuschätzen und eine deskriptive Analyse durchzuführen. Die Methode dafür wird im Folgenden dargestellt.

6.2.1 Erkrankungsrisiko

In der Epidemiologie findet zur Analyse der Variation der Erkrankungshäufigkeit das relative Risiko (RR_i) Verwendung. Diese Rate ergibt sich aus

$$RR_i = \frac{z_i}{\hat{\mu}_i}, \tag{6.1}$$

wobei z_i die beobachtete und $\hat{\mu}_i$ die geschätzte erwartete Fallzahl einer bestimmten Krankheit in der Teilregion A_i darstellen. Dabei wird für jede Teilregion A_i von R die erwartete Fallzahl geschätzt durch

$$\hat{\mu}_i = m_i \cdot \frac{\sum_{j=1}^n z_j}{\sum_{j=1}^n m_j}. \tag{6.2}$$

Dabei bezeichnet m_i die Größe der Bevölkerung der i-ten Region und z_i die dort beobachtete Fallzahl.

Für jede Region wird das relative Risiko RR_i als Verhältnis aus beobachteter und erwarteter Fallzahl gebildet und kartographisch dargestellt. Dieses relative Risiko wird als *standardisiertes Inzidenzratio*, kurz SIR_i, bezeichnet (siehe Abschnitt 4.2.1).

Eine starke regionale Variation der Einwohnerzahl kann die inhaltliche Interpretierbarkeit bevölkerungsbezogener Größen maßgeblich beeinträchtigen, wie in Tabelle 6.1 am Beispiel zweier Regionen veranschaulicht wird.

Beispiel *Betrachtet wird das Vorkommen von Denguefieberfällen mit einer erwarteten Inzidenzrate von 2 Fällen pro 1000 Einwohner ($E.$) pro Jahr. In Region A_1 mit 3000 E. werden somit jährlich 6 Fälle erwartet und in Region A_2 mit 6000 E. jährlich 12 Fälle. Eine verdoppelte Inzidenzrate, das heißt ein relatives Risiko von 2, würde in Region A_1 das Auftreten von 12 statt der erwarteten 6 Fälle bedeuten. Diese Abweichung* wäre sicherlich noch kein Grund zur Annahme einer systematischen Erhöhung, sondern würde als übliche zufällige Schwankung interpretiert werden. In Region A_2 würde eine Erhöhung der Fälle von 12 auf 30 schon eher als systematische Schwankung interpretiert werden. Ob eine solche Erhöhung eine zufällige oder systematische Schwankung darstellt, kann am p-Wert abgelesen werden.

Teilregion	Einwohner	Erwartete Fallzahl (μ_i)	Beobachtete Fallzahl (z_i)	Relatives Risiko (z_i/μ_i)	p-Wert
A_1	3000	6	12	2	0,16
A_2	6000	12	30	2,5	0,0001
A_2	6000	12	20	1,67	0,002

Tabelle 6.1: Unterschiedliche Signifikanzen relativer Risiken in Abhängigkeit von der Einwohnerzahl am Beispiel einer Inzidenzrate von 2 Fällen pro 1000 Einwohner.

Der p-Wert gibt die Wahrscheinlichkeit an, allein durch zufällige Variation eine Fallzahl zu erhalten, die mindestens so hoch ist wie die tatsächlich beobachtete Fallzahl. Daher werden zur Analyse der räumlichen Variation der Erkrankungshäufigkeit anstelle der SIR die zugehörigen statistischen Signifikanzen in Form der p-Werte angewendet (BAILEY & GATRELL (1995, S.302)).

Für absolute Fallzahlen lässt sich der p-Wert mithilfe einer Poisson-Verteilung folgendermaßen approximativ berechnen

$$p_i = \sum_{k \geq z_i}^{n} \frac{\hat{\mu}_i^k e^{-\hat{\mu}_i}}{k!} \qquad (6.3)$$

wobei $\hat{\mu}_i$ die erwartete Fallzahl in der Region A_i bezeichnet. Üblicherweise werden p-Werte $< 0,05$ (das heißt $\alpha = 5\%$) als statistisch signifikant eingestuft. Hierbei ist die Nullhypothese

$H_0: SIR_i = 1$, das heißt, erwartete und beobachtete Fallzahl stimmen überein,

und die Alternativhypothese

$H_1: SIR_i \neq 1$, das heißt, die beobachtete Fallzahl unterscheidet sich von der erwarteten Fallzahl.

Der p-Wert gibt die Wahrscheinlichkeit an, unter der erwarteten Fallzahl $\hat{\mu}_i$ mehr oder weniger Fälle zu beobachteten, als tatsächlich beobachtet wurden (d.h. z_i). Je kleiner der p-Wert, desto mehr spricht das Ergebnis gegen die Nullhypothese.

Der p-Wert von $0,16$ für die Region A_1 in Tabelle 6.1 bedeutet, dass bei 6 erwarteten Fällen die Wahrscheinlichkeit, durch zufällige Variabilität 12 oder mehr Fälle zu beobachten, 16% beträgt. Diese 6 Fälle stellen kein sonderlich ungewöhnliches Ereignis dar. In Region A_2 bedeutet eine Erhöhung der Inzidenzrate, dass 30 statt der erwarteten 12 Fälle beobachtet werden. Bei alleiniger Zufallsvariation wäre eine solch hohe Fallzahl extrem unwahrscheinlich, wie auch der sehr kleine p-Wert ($p < 0,0001$) anzeigt. Das relative Risiko von 2.5 in der einwohnerstarken Region A_2 ist statistsch auffälliger als das relative Risiko von 2 in der einwohnerschwachen Region A_1 (DREESMAN (2004, S.85)).

Die Kartierung von Prävalenzen, Inzidenzraten oder relativen Risiken birgt somit die Gefahr, dass nicht signifikante Abweichungen in dünn besiedelten und möglicherweise großflächigen Regionen viel mehr Aufmerksamkeit auf sich ziehen als signifikante Abweichungen in bevölkerungsreichen Ballungsräumen. Diesem Problem kann begegnet werden, indem anstelle von Raten oder relativen Risiken direkt die statistischen Signifikanzen in Form von p-Werten in sogenannte *Probability-Maps* kartiert werden (BAILEY & GATRELL (1995, S.302)).

Bevor die angewandten Methoden zur Untersuchung räumlicher Korrelation vorgestellt werden, wird zunächst auf die Erstellung und die Funktionsweise von Ähnlichkeitsmatrizen eingegangen. Diese werden in der Regel als Standardinstrument zur Spezifikation der räumlichen Abhängigkeit verwendet.

6.2.2 Erstellung und Funktionsweise der Ähnlichkeitsmatrix

Räumliche stochastische Prozesse berücksichtigen bei der Erklärung für eine Einheit i zusätzlich Werte von denjenigen Einheiten j, die als Nachbarn von i definiert wurden, und formalisieren dies in Form einer Ähnlichkeitsmatrix (W-Matrix). Der Bestand einer Nachbarschaft ist je nach Kontext zu definieren. Die typischen Kriterien, die zu diesem Zweck verwendet werden, sind zum Beispiel

1. das Vorhandensein einer gemeinsamen Grenze zwischen zwei Regionen,

2. das Nichtüberschreiten eines Maximalabstandes zwischen zwei Beobachtungseinheiten, oder

3. die Festlegung einer bestimmten Anzahl von nächstgelegenen Nachbarn.

Da die explizite Festlegung einer maximalen Distanz große Regionen tendenziell benachteiligt, kann gemäß dem drittgenannten Vorschlag auch eine bestimmte Anzahl von Nachbarn vorgegeben werden, wobei die am nächsten gelegenen Einheiten unabhängig von ihrer absoluten Entfernung vorrangig berücksichtigt werden. Die erstgenannte Methode einer gemeinsamen Grenze ist besonders dann geeignet, wenn es sich bei den

Beobachtungseinheiten um Regionen (wie zum Beispiel Länder, Bezirke oder Stadtteile) handelt. Sie wird beispielsweise von FANG ET AL. (2006) und HU ET AL. (2010) sowie in diesem Beitrag auf Volkszählungsbezirke angewendet.

Nachbarschaften sowie das Ausmaß ihrer potenziellen Abhängigkeiten werden anhand von Nachbarschafts- und Ähnlichkeitsmatrizen dargestellt. Die Nachbarschaft zwischen Beobachtungseinheiten wird in Form einer sogenannte [N x N]-Nachbarschaftmatrix (C-Matrix) ausgedrückt. Deren Elemente werden nach einer Binärklassifizierung auf $c_{ij} = 1$ bei Vorliegen einer Nachbarschaft und auf $c_{ij} = 0$ bei Nichtvorliegen einer Nachbarschaft gesetzt (LEE & WONG (2001, S.83)).

Um Informationen von benachbarten Beobachtungen zu vereinen, wird angenommen, dass alle Nachbarn das gleiche Gewicht haben LEE & WONG (2001, S.140), so dass jedes Element durch die jeweilige Zeilensumme von C dividiert wird

$$w_{ij} = \frac{c_{ij}}{c_{i.}}.$$

Die gewichteten Elemente w_{ij} werden durch eine Matrix, die als Ähnlichkeitsmatrix (W-Matrix) bezeichnet wird, abgebildet, welche die potenzielle Abhängigkeit zwischen Beobachtungseinheiten darstellt.

Nach LEE & WONG (2001, S.138) sind Eigenschaften einer W-Matrix:

1. Alle Elemente der Hauptdiagonale sind gleich 0, da ein Element nicht Nachbar von sich selbst sein kann.

2. Die C-Matrix ist symmetrisch, das heißt, $c_{ij} = c_{ji}$.

3. Eine Zeile der W-Matrix stellt die Beziehung von einem Element zu allen anderen dar.

Die Berechnung einer Nachbarschafts- und Ähnlichkeitsmatrix wird an einem Beispiel verdeutlicht.

Beispiel *Man geht von der räumlichen Anordnung aus, die in der Abbildung 6.1 eingezeichnet ist.*

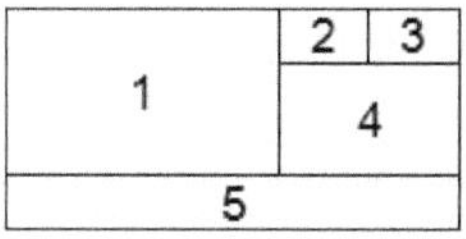

Abbildung 6.1: Räumliche Anordnung der fünf beobachteten Ereignisse.

Die Regionen 2, 4 und 5 grenzen an Region 1, weshalb in die Nachbarschaftsmatrix C eine 1 für die Elemente (1, 2), (1, 4) *und* (1, 5) *bzw.* (2, 1), (4, 1) *und* (5, 1) *eingetragen wird. Entsprechend geht man mit den anderen Regionen vor. Auf der Hauptdiagonale stehen jeweils Nullen.*

	1	2	3	4	5
1	0	1	0	1	1
2	1	0	1	1	0
3	0	1	0	1	0
4	1	1	1	0	1
5	1	0	0	1	0

Tabelle 6.2: Darstellung einer Nachbarschaftsmatrix (C-Matrix).

Die Nachbarschaftsmatrix wird normiert, indem man die Elemente durch die Zeilensumme dividiert. Die Summe von Zeile 1 beläuft sich beispielsweise auf

$$c_{i.} = \sum_{j=1}^{5} = 0 + 1 + 0 + 1 + 1 = 3,$$

so dass die Elemente in der ersten Zeile der normierten Matrix entweder 0 *oder* 1/3 *betragen. Entsprechend hat die komplett normierte Ähnlichkeitsmatrix folgendes Aussehen:*

	1	2	3	4	5
1	0	1/3	0	1/3	1/3
2	1/3	0	1/3	1/3	0
3	0	1/2	0	1/2	0
4	1/4	1/4	1/4	0	1/4
5	1/2	0	0	1/2	0

Tabelle 6.3: Darstellung einer Ähnlichkeitsmatrix (W-Matrix).

Die resultierende W-Matrix wird in der räumlichen Korrelationsanalyse verwendet, um Werte der benachbarten Einheiten bei der Erklärung einer interessierenden Größe y einzubeziehen.

6.2.3 Autokorrelationsanalyse

Zur Abschätzung des Vorhandenseins von Clustering im gesamten Untersuchungsgebiet wird häufig der Morans I-Koeffizient (kurz Morans I) angewendet. Dabei berücksichtigt Morans I zwei Kriterien: die Nachbarschaft und die Ähnlichkeit zwischen Beobachtungen (LEE & WONG (2001, S.78,157)).

Definition 6.1 (Morans I-Koeffizient)

Bei gegebener W-Matrix W ist der Morans I-Koeffizient gegeben durch

$$I = \frac{n \sum_{i=1}^{n} \sum_{j=1}^{n} w_{ij}(y_i - \bar{y})(y_j - \bar{y})}{(\sum_{i=1}^{n} \sum_{j \neq i} w_{ij})(\sum_{i=1}^{n} (y_i - \bar{y})^2)} \qquad (6.4)$$

(BAILEY & GATRELL (1995, S.270), LEE & WONG (2001, S.157), WARD & SKEDE (2008, S.19)). Dabei ist n die Anzahl der vorhandenen Beobachtungen und y_i die Ausprägung der beobachteten Variablen in der Teilregion A_i.

Der Morans I misst die globale Korrelation zwischen dem Wert einer Variable und dem gewichteten Durchschnitt der Werte ihrer Nachbarn und wird auch als Test der räumlichen Korrelation verwendet. Abbildung 6.2 stellt ein Beispiel für ein Morans I Streudiagramm dar.

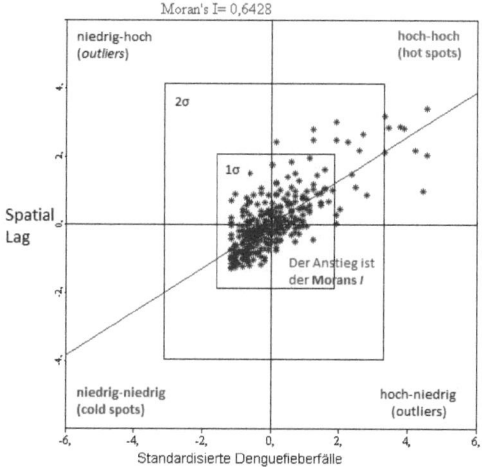

Abbildung 6.2: Streudiagramm der Variable Denguefieber gegen die räumliche Verzögerung (*Lag*) (Quelle: WARD & SKEDE (2008), ergänzt).

Ein hoher Wert des Morans I deutet auf hohes Clustering hin, was wiederum bedeutet, dass die Werte von benachbarten Teilregionen ähnlich sind (LEE & WONG (2001, S.157)). Unter der Annahme der Normalverteilung der beobachteten Daten, wenn keine räumliche Korrelation vorliegt, ist der Erwartungswert des Morans-Koeffizienten I (BAILEY & GATRELL (1995, S.281))

$$E(I) = -1/(n-1). \tag{6.5}$$

und die Varianz
$$Var(I) = \frac{n^2(n-1)S_1 - n(n-1)S_2 - 2S_0^2}{(n+1)(n-1)^2 S_0^2} \tag{6.6}$$

wobei:

$$S_0 = \sum_{i \neq j} \sum w_{ij}, \tag{6.7}$$

$$S_1 = \frac{1}{2} \sum_{i \neq j} \sum (w_{ij} + w_{ij})^2, \tag{6.8}$$

$$S_2 = \sum_k (\sum_j w_{kj} + \sum_j w_{ik})^2. \tag{6.9}$$

Morans I ist ein wirksamer Indikator der globalen räumlichen Korrelation. Allerdings ist dies zur Erkennung unterschiedlicher räumlicher Clustertypen, welche als *Hot-* und *Cold-spots* bezeichnet werden, nicht geeignet. Hierfür wird der lokale Indikator der räumlichen Korrelation verwendet (LEE & WONG (2001, S.164)).

6.2.4 Häufungsanalyse

Der lokale Indikator der räumlichen Korrelation (kurz LISA) wird zur Analyse und Bestimmung heterogener räumlicher Korrelationen verwendet (LEE & WONG (2001, S.146)). LISA bezieht sich auf die lokale Variante von Morans I-Koeffizienten, um die räumliche Korrelation auf lokaler Ebene zu beschreiben. Dafür wird mittels des LISA-Koeffizienten ein Z-Score der räumlichen Korrelation für jede Teilregion abgeleitet. Der entsprechende Koeffizient für jede Teilregion i ist als

$$I_i = z_i \sum_j w_{ij} z_j, \tag{6.10}$$

definiert und deren Erwartungswert ist gegeben durch

$$E[I_i] = \frac{-w_i}{(n-1)} \tag{6.11}$$

(ANSELIN (1995)).

Der LISA-Koeffizient für eine Subregion A_i ist die mittlere Abweichung von y_i multipliziert mit der Summe der Produkte der mittleren Abweichungen für alle j-Werte und der räumlichen Gewichte w_{ij}, die die räumliche Beziehung zwischen i und j definieren. Der wesentliche Unterschied zwischen jeder Subregion ist ihr Gewicht, welches von der Anzahl ihren Nachbarn abhängig ist. Die geschätzten LISA-Koeffizienten werden mit den erwarteten Werten verglichen und mit ihrer standardisierten Auswertung (p-Wert) interpretiert.

Der LISA-Koeffizient spiegelt wider, wie benachbarte Werte miteinander verbunden sind. Die Interpretation diesen Koeffizient ist ähnlich wie die vom Morans I. Das heißt, dass ein höherer Wert der LISA auf das Vorhandensein von Clustern ähnlicher Werte (hoch-hoch oder niedrig-niedrig) und ein niedriger Wert von LISA auf Cluster unähnlicher Werte (hoch-niedrig) hindeutet. Wenn die Werte in Region A_i und in der benachbarten Region A_j hoch sind, dann wird diese Beziehung als hoch-hoch bezeichnet. Treten in beiden Regionen A_i und A_j niedrige Werte auf wird die Beziehung als niedrig-niedrig bezeichnet.

6.2.5 Zufallspermutationstest

Der *Zufallspermutationstest* wird verwendet, um zu prüfen, ob die räumliche Korrelation eines Morans I-Koeffizienten statistische Signifikanz aufweist. Eine Annäherung an die Permutationsverteilung kann mithilfe des *Monte-Carlo-Ansatzes* erzeugt werden (BAILEY & GATRELL (1995, S.280)).

Der Zufallspermutationstest beruht auf der Annahme, dass keine Werte von y_i mit Ausnahme der beobachteten realisierbar sind. Die Daten werden als Gesamtheit behandelt. Die zu untersuchende Hypothese ist

H_0: Die Daten sind zufallsverteilt (BAILEY & GATRELL (1995, S.282)).

Räumliche Muster	Morans I
Clustering Verteilung	$I > E(I)$
Zufallsverteilung	$I \approx E(I)$
Streuverteilung	$I < E(I)$

Tabelle 6.4: Interpretation räumlicher Muster basierend auf I.

6.2.6 Regressionsanalyse

Nachbarschaftseffekte umweltbezogener oder sozialer Faktoren führen dazu, dass sich räumlich nahe gelegene Einheiten ähnlich verhalten.

Ein Instrument zur Einbeziehung solcher Prozesse stellt die räumliche Analyse dar, bei der die gegenseitige Abhängigkeit von Beobachtungseinheiten als Funktion ihrer räumlichen Lage zueinander modelliert wird. Während bei der klassischen Modellierung nur solche Daten als erklärende Variable Berücksichtigung finden, die in Beziehung zu einer betreffenden Beobachtungseinheit (zum Beispiel Region, Ortsteil, Volkszählungsbezirk) erhoben wurden, werden bei der räumliche Analyse zusätzlich Größen aus benachbarten Beobachtungseinheiten herangezogen, da diese oftmals Aussagekraft für die interessierende Einheit besitzen (HENNINGSEN (2009)).

Die Eignung der räumlichen Nähe zur Abbildung von Verhaltens-Ähnlichkeiten lässt sich durch den Satz: *"everything is related to everything else, but near things are more related than distant things"* (TOBLER (1969)) begründen. So haben Studien gezeigt, dass Individuen nicht in Isolation leben, sondern sowohl durch die aktive Interaktion als auch durch die gegenseitige passive Beobachtung in bedeutender Weise vom Verhalten anderer beeinflusst werden. Dieses räumliche Abhängigkeitsverhalten wird im Wesentlichen über sogenannte *Spatial-Lag-* oder *Spatial-error-Prozesse* abgebildet, bei denen die Interdependenz durch die zusätzliche Berücksichtigung der abhängigen Variable oder des Fehlerterms benachbarter Einheiten modelliert wird. Ein besonderer Vorzug der räumlichen Analyse besteht darin, dass neben der geographischen auch die inhaltliche Nähe genutzt werden kann, um Interdependenzen zu modellieren (HENNINGSEN (2009)).

Formal wird das Vorhandensein räumlicher Abhängigkeit eines untersuchten Phänomens festgestellt, wenn die Kovarianz zweier in/an den Beobachtungseinheiten i und j erhobenen Zufallsvariablen Y_i und Y_j, ungleich null ist und sich diese inhaltlich sinnvoll räumlich interpretieren lässt. Damit ist meist eine positive Abhängigkeit gemeint, das heißt, ein ähnliches Verhalten räumlich nahe gelegener Einheiten, das zur Clusterbildung von hohen beziehungsweise niedrigen Werten führt. Negative Autokorrelation liegt hingegen dann vor, wenn die Werte der Nachbarregionen dem Wert der betrachteten Einheit unähnlich sind.

Räumliche Regressionsmodelle sind ein formaler Ansatz, um die Beziehungen zwischen den Attributwerten von y_i, in einer bestimmten Teilregion A_i, und möglicherweise auch zwischen den Werten von anderen Attributen x_i, die auch in der Teilregion A_i gemeldet sind, festzustellen (BAILEY & GATRELL (1995, S.274)).

Definition 6.2 (Räumliches Regressionsmodell)
Die Darstellung eines räumlichen Regressionsmodells, das alle Teilregionen A_i einbezieht, wird mithilfe der Matrixschreibweise als

$$\underbrace{Y}_{(n\times 1)} = \underbrace{X}_{(n\times p)} \underbrace{\beta}_{(p\times 1)} + \underbrace{U}_{(n\times 1)}$$

betrachtet. Dabei stellt Y den Vektor der Zufallsvariablen für jede Teilregion A_i dar. X ist die Matrix der Werte von p Einflussfaktoren in jeder Teilregion A_i. β ist ein [$p \times 1$]-Vektor der zugehörigen Regressionskoeffizienten und U bezeichnet den Fehlerterm (BAILEY & GATRELL (1995, S.280)).

Zur Modellierung räumlich-regionaler Daten wird ein verallgemeinertes lineares Modell (*generalised linear model GLS*) verwendet. In das Modell werden Beziehungen zwischen dem Wert einer Variable y_i in einer Teilregion A_i und Werte von y_j in ihren benachbarten Teilregionen A_j mittels einer Matrix einbezogen (BAILEY & GATRELL (1995, S.282)).

Definition 6.3 (GLS-Modell)
Ein GLS-Modell ist gegeben durch

$$Y = X\beta + U \qquad (6.12)$$
$$U = \rho W U + \epsilon$$

Dabei gibt W die Struktur der potenziellen Interdependenz zwischen den Beobachtungseinheiten an und der Korrelationskoeffizient ρ die Stärke dieser räumlichen Abhängigkeit (siehe Abschnitt 6.2.2). ϵ stellt den Fehlerterm dar und β bezeichnet die Regressionskoeffizienten des Modells (BAILEY & GATRELL (1995, S.283)).

Bemerkung *Methoden zur Modellierung raumbezogener Daten wenden ein Verfahren ähnlich dem zur Modellierung von Zeitreihen, wie zum Beispiel autoregressive Modelle (AR) oder Modelle mit gleitenden Durchschnitten (MA) an (siehe Abschnitt 5.2).*
Der Ansatz für räumliche Daten erklärt Beobachtungen in Bezug auf näherliegende oder benachbarte Beobachtungen. Hierfür werden *Simultan-Autoregressive-Modelle* (SAR) verwendet. Diese Modellgruppe beinhaltet sowohl *Spatial-Lag-* als auch *Spatial-Error-Modelle* (BAILEY & GATRELL (1995, S. 283)). Die *Spatial-Lag-Modelle* führen in Regressionsmodellen die räumliche Abhängigkeit in der abhängigen Variablen und die *Spatial-Error-Modelle* in den Fehlertermen ein.

Spatial-Lag-Modell Die Modellierung räumlicher Prozesse mithilfe von *spatial lags* basiert auf der inhaltlichen Überzeugung, dass Beobachtungen durch andere in ihrem Verhalten beeinflusst werden. Die zugrunde liegenden simultanen Beeinflussungsprozesse können mithilfe des spatial lag operators Wy abgebildet werden und führen zu einem sogenannte Mixed regressive - spatial autoregressive model.

Definition 6.4 (SAR-Modell)
Ein SAR-Modell mit nur einem Parameter ρ wird definiert als

$$\begin{aligned} Y &= X\beta + \rho WU + \epsilon, \quad &(6.13)\\ &= X\beta + \rho W(Y - X\beta) + \epsilon,\\ &= X\beta + \rho WY - \rho WX\beta + \epsilon. \end{aligned}$$

Y_i in Teilregion A_i hängt von den umgebenden Werten $Y_j (j \neq i)$ ab, was durch ρWY dargestellt wird. Die Anwendung eines SAR-Modells ist geeignet, wenn Werte der abhängigen Variablen y in Teilregion A_i von den Werten von y der benachbarten Teilregionen beeinflusst sind (BAILEY & GATRELL (1995, S. 284)).

Spatial-Error-Modell Ein *Spatial-Error-Modell* wird verwendet, wenn sich die abhängige Variable y nicht durch den Einfluss der y Werte der benachbarten Teilregionen erklären lässt. Dies lässt sich durch zufällige Fehler begründen.

Definition 6.5 (SE-Modell)
Formal besitzt das *Spatial-Error-Modell* folgende Notation

$$Y = (I + \rho W)\epsilon, \quad (6.14)$$

wobei Y die abhängige Variable und $(I + \rho W)\epsilon$ den Fehlerterm bezeichnen. W stellt eine Ähnlichkeitsmatrix (siehe Abschnitt 6.2.2) dar.

Eine statistische Aussage, ob räumliche Prozesse in der Responsevariablen oder in dem Fehlerterm modelliert werden soll, lässt sich mittels des multiplen *Lagrange-Tests* (LM) bestimmen.

6.3 Literaturübersicht zur Raumanalyse

NAKHAPAKORN & JIRAKAJOHNKOOL (2006) haben räumliche Analyseverfahren wie zum Beispiel Morans I-Koeffizienten angewandt, um ein besseres Verständnis der Faktoren, die eine lokal hohe Inzidenz von Denguefieber beeinflussen, zu gewinnen. Sie benutzen ein Geoinformationssystem, um die Beziehung zwischen gemeldeten Denguefieberfällen und räumlichen Mustern in neun Bezirken im nördlichen Thailand im Zeitraum 1999 – 2003 zu untersuchen.

WEN ET AL. (2006) untersuchten den Zusammenhang zwischen Denguefieber-

Epidemien und umweltbezogenen Faktoren in Taiwan. Sie erstellten eine Risikokarte, um gefährdete Regionen zu identifizieren und damit die Präventionsmaßnahmen zu verbessern. Dafür verwendeten sie LISA, um signifikante räumliche Häufungen aufzuspüren.

MONDINI & CHIARAVALLOTI (2008) evaluierten von September 1994 bis August 2002 in Brasilien der Bestand von räumliche Korrelation der Denguefieber-Inzidenz. Außerdem haben Sie versucht herauszufinden, welche Variablen die räumliche Abhängigkeit von Denguefieber erklären. Sie analysierten umweltbezogene, demographische und sozio-ökonomische Variablen mittels des Morans I-Koeffizienten. Sie fanden eine räumliche Autokorrelation in der Denguefieber-Inzidenz. Zudem stellten Sie fest, dass sozioökonomische Faktoren entscheidend für das Vorkommen dieser Krankheit sind.

YESHIWONDIM ET AL. (2009) erforschten die räumliche Inzidenz von Malaria in Gebieten mit inhomogener Übertragung auf Dorfebene zwischen September 2002 und August 2006 in Äthiopien. Sie benutzten die Poisson-Regressionsanalyse, um die Inzidenz der vorhandenen Krankheit nach Alter und Geschlecht zu charakterisieren. Außerdem wandten sie LISA an, um Häufungen zu bestimmen.

HU ET AL. (2010) untersuchten die räumliche Autokorrelation und dynamische Ausbreitung der Denguefieber-Inzidenz in den drei Perioden 1993 − 1996, 1997 − 2000 und 2001 − 2004 in Queensland, Australien. Sie wandten den Morans I-Koeffizienten zur Bewertung der räumlichen Abhängigkeit der gemeldeten Denguefieberfälle an. Darüber hinaus wandten Sie LISA und logistische Regressionsmodelle zur Identifizierung und Bewertung räumlicher Häufungen der Ausbreitung des Denguefiebers an. Sie fanden Häufungen mit Hohen Inzidenz im nördlichen und mit niedrigen Inzidenz im südostlichen Bezirken von Queensland.

QUEIROZ ET AL. (2010) benutzten räumliche Statistik in Verbindung mit *Geoinformationssystemen* (GIS) zur Analyse der Verteilung der Hansen-Krankheit in einem endemischen Gebiet in Brasilien. Sie berichten über eine Beziehung zwischen der geographischen Verteilung der Krankheit und den sozio-ökonomischen Variablen. In von der Mittelschicht bewohnten Gebieten tritt die Krankheit signifikant häufiger auf als in anderen Vierteln.

6.4 Material und methodisches Vorgehen

Für diese Untersuchung werden epidemiologische Daten benutzt, die, wie schon in Abschnitt 3.2.3 erwähnt, die Abteilung Epidemiologie des Bundesgesundheitsamtes "Dpto. de Epidemiología de la sub-secretaria regional costa-insular del ministerio de Salud

Pública" im Zeitraum 2005 – 2009 in der Stadt Guayaquil, Ecuador, erhoben hat. Jeder gemeldete Denguefieberfall wurde als Punkt mithilfe des Geoinformationssystems Arcgis 9.3 für die vorliegende Arbeit digitalisiert. Abbildung 3.7 stellt die räumliche Verteilung der digitalisierten Denguefieberfälle dar.

Außerdem wurden sozio-ökonomische Daten aus der letzten vorliegenden nationalen Volkszählung von 2001 verwendet (siehe Abschnitt 3.2). Diese Informationen wurden mithilfe des statistischen Programms SAS 9.2 bearbeitet und auf Volkszählungsbezirke vergleichbar zusammengefasst.

Darüber hinaus wurden umweltbezogene Faktoren wie Vegetationsdichte, Kanäle, und Feuchtgebiete als mögliche Einflussfaktoren für Denguefieber erhoben. Hierfür wurden Landsat-Szenen und Google-Earth Daten bearbeitet, um die Lokalisation und Dichte der oben genannten Einflussfaktoren zu erfassen (siehe Tabelle 6.5). Diese Datensätze stehen frei zur Verfügung. Die methodische Vorgehensweise dafür wird in Abschnitt 6.4.1 dargestellt.

Zur räumlichen Risikocharakterisierung der vorhandenen Krankheit wurde die Standardisierte Inzidenzratio (SIR) berechnet. Auf Grundlage der SIR wurde eine *Probability-Map* erstellt (siehe Abschnitt 6.4.2). Anschließend wurde der Morans I-Koeffizient zur Bestimmung räumlicher Abhängigkeiten der gemeldeten Denguefieberfälle im gesamten Untersuchungsgebiet verwendet (siehe Abschnitt 6.4.3). Danach wurden mittels LISA lokale Häufungen charakterisiert (siehe Abschnitt 6.4.4). Dies sind häufig verwendete Techniken zur Analysierung von Risikogebieten.

Abschließend wurden Regressionsverfahren eingesetzt, um den Beitrag umweltbezogener und mit Bezug auf sozio-ökonomischer Faktoren auf die Verbreitung des Denguefiebers abzuschätzen (siehe Abschnitt 6.4.5).

Um eine nachhaltige und aktualisierte Fortschreibung der Daten zu gewährleisten wurden die gesammelten Daten georeferenziert und in einer Geodatenbank (siehe Abbildung 3.10) gespeichert. Volkszählungsbezirke wurden als Polygon eingerichtet und die zu untersuchende Variable als zugehörige Eigenschaft eingestellt. Die Bearbeitung und Auswertung der gesammelten Daten wurde mithilfe des statistischen Programms SAS 9.2, des geographischen Informationssystems Arcgis 9.3 und GeoDa 0.9.5 durchgeführt.

6.4.1 Klassifizierung der Landsat-Bilddaten

Der Einflussfaktor Vegetation wurde anhand von Satelliten-Datensätzen gewonnen. Dabei wurden Standardverfahren zur Klassifizierung von Bildfarbkompositen aus dem Landsat $ETM+$ (*Enhance Thematic Mapper Plus*)-System eingesetzt. Hierfür wurden zwei verschiedene Szenen verwendet, um die durch den technischen Fehler des Sensors produzierten Informationslücken am besten zu korrigieren. Diese Aufnahmen wurden am 29-05-2005 und 02-09-2005 aufgenommen. Das Zusammenfügen der beiden Datensätze erforderte zuerst eine gegenseitige Anpassung der Farbintensitäten (*Histogrammanpassung*). Als nächstes wurden Methoden zur Reduktion des Informationsverlustes durch die Kombination der Szenen, zur Verbesserung der geometrischen Auflösung der Farbkanäle (*Pansharpening*) und zur Reduktion der Kanalanzahl durch die lineare spektrale Transformation Tasseled-Cap angewendet. Der letzte Schritt war die Klassifizierung der Bilder zur Extraktion von Vegetation und anderen Bodenbedeckungstypen (siehe Abbildung 6.3).

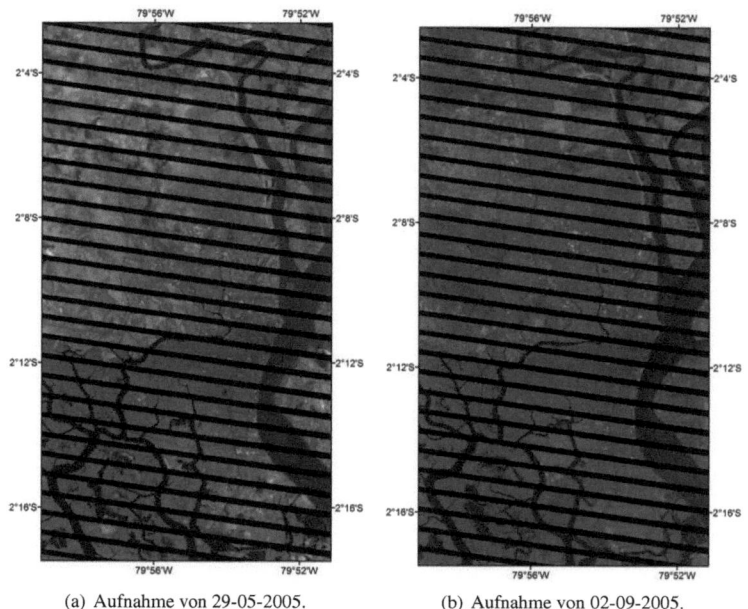

(a) Aufnahme von 29-05-2005.   (b) Aufnahme von 02-09-2005.

Abbildung 6.3: Originale Landsat-Szene zur Vegetationsklassifizierung (Bandkombination RGB-542).

Die Methode stützt sich auf Algorithmen des Softwarepakets ERDAS Imagine 9.3. Im Folgenden wird eine Beschreibung der Vorgehensweise gegeben:

1. **Histogrammanpassung**. Vor dem Zusammenfügen beider Jahrgänge wurde eine Histogrammangleichung zwischen entsprechenden Farbkanälen durchgeführt, um ihre radiometrischen Unterschiede möglichst zu verringern. Dabei wird das

Grauwerthistogramm des Ziel-Bildes an das Histogramm des Bezugsbildes angepasst (RICHARDS & XIUPING, 2006, S.97). Hierfür wurde das Bild vom 29-05-2005 als Zielbild und das Bild vom 02-09-2005 als Bezugsbild ausgewählt (siehe Abbildung 6.3).

2. **Kombination der Datensätzen** (Bildfusionierung). Landsat (ETM+)-Bilddaten enthalten wegen eines Mechanikproblems der Aufnahmeinstrumente seit 2003 Informationslücken, die periodisch in den abgetasteten ursprünglichen Zeilen auftreten. Zur Ergänzung der fehlenden Informationen wurde ein auf Bedingungssätzen basiertes Verfahren in ERDAS umgesetzt. Dieses besteht darin, die Null-Information jedes einzelnen Bildkanals eines Datensatzes mit den Pixeln der entsprechenden Kanäle von dem anderen Datensatz aufzufüllen. Daraus ergibt sich nur ein Bilddatensatz mit der originalen Anzahl an Kanälen. Die Abbildung 6.3 stellt die beiden verwendeten Bilder dar. Die Ergebnisse dieses Verfahrens sind in Abbildung 6.4 aufgezeigt.

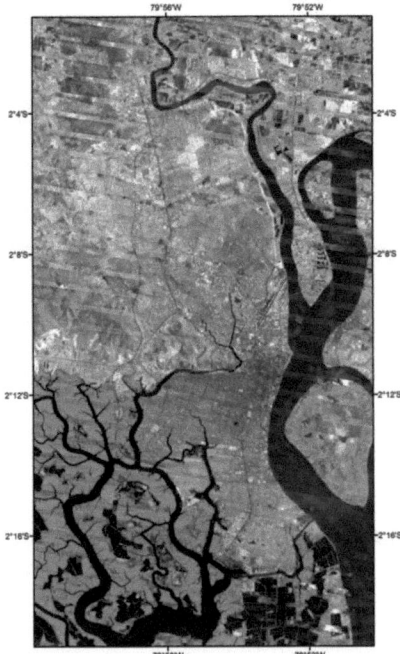

Abbildung 6.4: Ergebnisse der Bildfusionierung zwischen den Bilder vom 29-05-2005 und vom 02-09-2005.

3. **Panchromatische Schärfung** (Pansharpening). Die Fusionierung des panchromatischen Kanals (Kanal 8), mit einer Pixelgröße von ca. 15 m, mit den sichtbaren und infraroten Kanälen (Bänder 1, 2, 3, 4, 5 und 7), die eine geringere Pixelauflösung von 30 m aufweisen, wurde mit der Hauptkomponentenanalyse bearbeitet. Das Ziel dabei war die Verbesserung der geometrischen Qualität der Daten. Am Ende des Vorgangs besitzen alle verwendeten Spektralkanäle eine Auflösung von 15 m (siehe Abbildung 6.5).

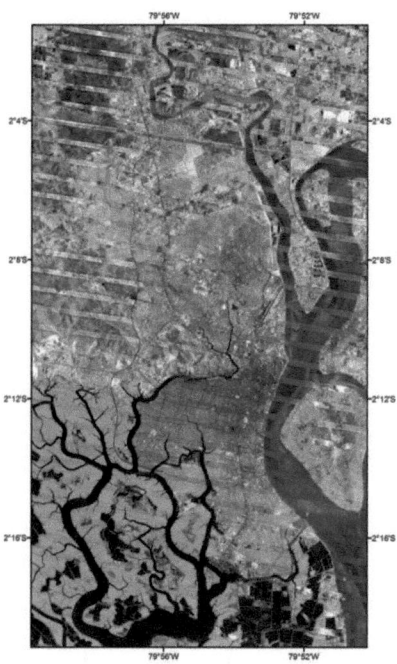

Abbildung 6.5: Ergebnisse der panchromatischen Schärfung.

4. **Tasseled Cap Transformation** (TC). Als Grundlage für die Bildklassifizierung diente die aus der Tasseled-Cap-Transformation resultierende Kanalkombination. Die TC-Kanäle stellen eine Linearkombination aus Werten aller anderen beteiligten Kanäle dar. Diese Transformation bietet eine Reduktion der Kanalanzahl und der Datenmenge, womit sich die wesentliche Information auf drei Kanäle konzentriert: TC-Band1 für Helligkeit (Brightness, Messwert für den Boden), TC-Band2 für Grünfaktor (Greenness, Messwert für die Vegetation) und TC-Band3 für Feuchtigkeit (Wetness, Messwert für Boden- und Vegetationsfeuchte) (RI-

CHARDS & XIUPING, 2006, S.157). Das Ergebnis dieser Transformation wird in Abbildung 6.6 dargestellt.

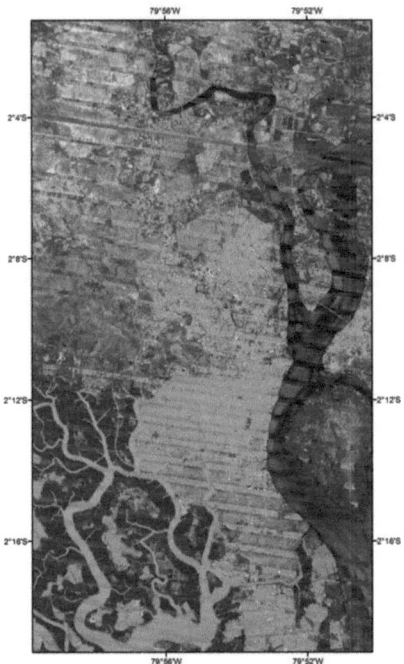

Abbildung 6.6: Ergebnisse der Tasseled-Cap-Transformation.

5. **Überwachte Klassifizierung.** Die überwachte Klassifizierung beruht auf der Verwendung von Referenzflächen, den so genannten Trainingsgebieten, für die die Objektklasse-Zugehörigkeit bekannt ist. Als überwachte Methode wird hier das Maximum-Likelihood Verfahren verwendet. Diese ermittelt auf Basis statistischer Kenngrößen der vorgegebenen Klassen die Wahrscheinlichkeiten, mit denen die einzelnen Pixel diesen bekannten Klassen angehören und dann wird jedem Pixel die Klasse mit der größten Wahrscheinlichkeit zugewiesen (ALBERTZ, 2009, S.157). Die Ergebnisse dieses Verfahrens sind in Abbildung 6.7 zu sehen.

Mithilfe dieser Technik ist die Klassifizierung großer Oberflächen möglich. Ein Nachteil dieses Verfahrens liegt in der Genauigkeit, die die *Landsat-Szenen* anbieten, welche auf 15 m begrenzt ist.

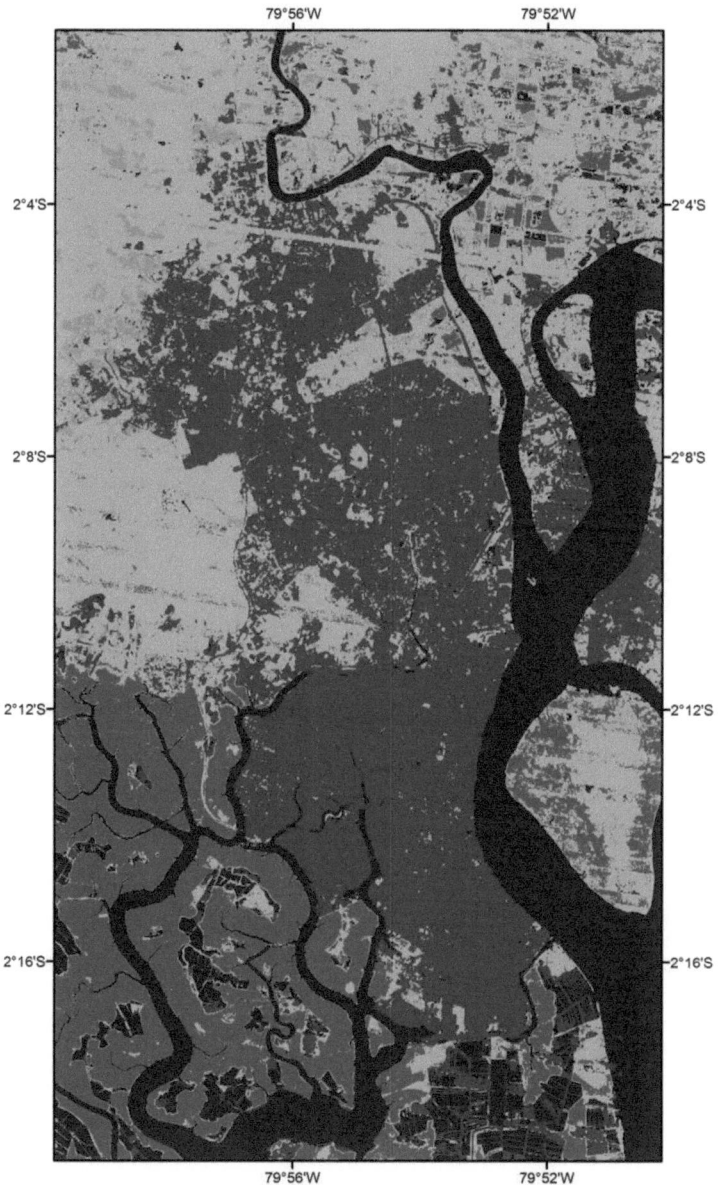

Abbildung 6.7: Klassifiziertes Bild. Als Klassen wurden evaluiert: urbane Gebiete, dichte Vegetation (Mangroven), offene bzw. zerstreute Vegetation (Wiesen und Gestrüpp) und Gewässer.

6.4.2 Risikocharakterisierung

Die räumliche Risikocharakterisierung des Denguefiebers wurde mittels der Standardisierten Inzidenzratio abgeschätzt. Hierfür wurden die im Zeitraum 2005 − 2009 gemeldeten Fälle und die Einwohnerzahl in den Volkszählungsbezirken in Guayaquil verwendet.

Die Ergebnisse dieses Prozesses wurden anhand einer Chloroplethen-Karte dargestellt (siehe Abbildung 6.10), um auf diese Weise Regionen mit erhöhtem Erkrankungsrisiko zu identifizieren. Zusätzlich wurden die dazugehörigen p-Werte abgeschätzt, wie in Abschnitt 6.2.1 beschrieben. Hierbei wurde folgende Hypothese getestet:

H_0: $SIR = 1$, das heißt erwartete und beobachtete Fallzahl stimmen überein.

H_1: $SIR \neq 1$, das heißt die beobachtete Fallzahl unterscheidet sich von der erwarteten Fallzahl.

Anschließend wurde die räumliche Autokorrelation von Denguefieberfällen untersucht.

6.4.3 Autokorrelationsanalyse

Das Vorhandensein räumlicher Korrelation von Denguefieber wurde mittels der Morans I-Koeffizient auf der Basis der Volkszählungsbezirke geprüft. Hierfür wurde die Nullhypothese

H_0 : Denguefieberfälle sind im gesamtem Untersuchungsgebiet homogen verteilt,

gegen die Alternativhypothese

H_1: H_0 gilt nicht,

getestet.

Der Morans I-Koeffizient wird mithilfe einer W-Matrix berechnet (siehe Abschnitt 6.2.2). Zur Erstellung der W-Matrix wurde in der vorliegenden Untersuchung das Kriterium "gemeinsame Grenze" verwendet. Dabei wurden Volkszählungsbezirke, die eine gemeinsame Grenze aufweisen als Nachbarn angesehen. Anschließend wurde der räumliche LAG-Parameter (Wy) berechnet (siehe Abschnitt 6.2.2). Dieselbe Methode wandten WEN ET AL. (2006) in Taiwan und HU ET AL. (2010) in Australien an, um die räumliche Korrelation der Denguefieber-Inzidenz zu untersuchen.

Die statistische Signifikanz des Morans I-Koeffizienten wurde mittels des Monte-Carlo-Ansatzes geprüft, unter der Annahme, dass die vorhandenen Fälle der Krankheit zufallsverteilt sind. Die Anzahl der Permutationen wurde auf 9999 angesetzt (siehe Abschnitt 6.2.5). Abschließend wurde der Bestand lokaler Häufungen von Denguefieber mithilfe des LISA Indikators übergeprüft.

6.4.4 Häufungsanalyse

Zur Analyse räumlicher Häufungen wurde der Local Indicator of Spatial Asociation (LISA)-Koeffizient verwendet (siehe Abschnitt 6.2.4). Dieses Verfahren wurde eingesetzt, um lokale Häufungen in der räumlichen Verteilung des Denguefiebers zu identifizieren und zu charakterisieren. Hierfür wurde der Bestand und die Anwesenheit von lokalen räumlichen Autokorrelationen der Denguefieberfälle mittels der Gleichung 6.10 untersucht.

Die entdeckten Häufungen wurden in vier Kategorien eingeordnet, welche als hoch-hoch, niedrig-niedrig, hoch-niedrig und niedrig-hoch bezeichnet wurden. Dies spiegeln die vier Quadranten des Morans I Streudiagramms wider, dass in der Abbildung 6.2 dargestellt wurde.

Die als hoch-hoch bezeichneten Häufungen deuten auf Klumpen in Volkszählungsbezirken mit hohen Denguefieberfällen hin. Cluster, die hingegen als niedrig-niedrig eingestuft wurden, zeigen Klumpen in Volkszählungsbezirken mit niedrigen Denguefieberfällen an. Außerdem werden Häufungen, die als hoch-niedrig oder niedrig-hoch bezeichnet wurden, als Ausreißer behandelt.

Die statistische Signifikanz der entdeckten Häufungen wurde mit demselben Ansatz getestet, der zur Prüfung des Morans I-Koeffizienten angewandt wurde, sprich dem Zufallspermutationstest (siehe Abschnitt 6.2.5)

Abschließend wurde mittels der ergebenen Häufungseinordnung eine Risikokarte (siehe Abbildung 6.11) erstellt. Nachfolgend wurden mögliche Faktoren anhand von Regressionsmodellen untersucht, die die Erzeugung solcher Häufungen beeinflussen könnten.

6.4.5 Regressionsanalyse

Die Regressionsanalyse ist ein gängiges Verfahren zur Betrachtung der Beziehungen zwischen einer oder mehreren Variablen. Ziel dieses Verfahrens in der vorliegenden Arbeit ist es, die Effekte von umweltbezogenen, demographischen und sozioökonomischen Faktoren auf das Vorkommen von Denguefieberfällen zu ermitteln.

In diesem Zusammenhang ist die Zielgröße (Abhängige Variable y_i) der vorliegenden Untersuchung das Denguefieber-Vorkommen. Einflussfaktoren dafür sind in Tabelle 6.5 und 6.6 in zwei Gruppen zusammengefasst.

Umweltbezogene Variablen

Für die Auswahl der umweltbezogenen Einflussfaktoren wurde von der Erkenntnis über Habitat und ökologische Bedingungen der Denguefieber Überträgermücke ausgegangen (siehe Abschnitt 2.4). Das Vorkommen der Überträger Mücke sollte durch Ökotope mit idealen Verhältnisse für deren Lebensabläufe repräsentiert werden. Diese Ökotope müssen andererseits aus verfügbaren Umwelt-Datenmaterialien durch einfache Merkmale in ihrer räumlichen Verteilung identifizierbar sein, um durch Nachbarbeziehungen mit den sozio-ökonomischen Klassifikationseinheiten räumlich korrelierbar zu werden und aus den Volkszählungsbezirken mit der Inzidenz in Beziehung gesetzt zu werden.

Hierzu wurden:

1. Kanäle mit offenen Wasserflächen als ideale Brutplätze nach Kriterien der Sichtbarkeit aus Google Earth Darstellungen der Stadt entnommen.Google Earth stellt die Stadt auf den Grundlagen von Quickbird Daten mit einer abgeschätzten Auflösung von circa 1 m dar, womit die überwiegende Zahl der Wasser führenden Kanälen sichtbar wird.

2. Als Sumpfgebiete wurden vegetationsdurchsetzte Wasserflächen und als Feuchtvegetation identifizierbare Areale ebenfalls auf denselben Google Earth Grundlagen ausgewiesen. Auch diese Bereiche können als günstige Brutplätze der Mücke angesehen werden.

3. Die Vegetationsflächen wurden mit üblichen Klassifikationsverfahren (Tasseled-Cap Transformation und überwachte Klassifikation) aus Landsat Satelliten Daten abgeleitet. Dazu fanden Landsat 7 (ETM+) Szenen mit 15 m Auflösung Anwendung. Die Fehlstreifen (Striping) wurden nach in Anhang 6.4.1 dargelegten Verfahren bereinigt (weitere Belege im Anhang 6.4.1). Vegetationsbereiche mit Sumpfcharakter wurden später durch die Google Identifizierung dieser Areale ersetzt.

Variable	Beschreibung
Vegetationsdichte	Die Areale der Vegetationsdichte wurde unter Anwendung der Transformation Tasseled-Cap und mithilfe eines überwachten Klassifikationsverfahrens aus Landsat Szenen gewonnen (siehe Anhang 6.4.1).
Sumpfgebiete Kanäle	Die beiden Kriterien Sumpfgebiete und Kanäle wurden aus Google Earth Vorlagen des Arbeitsgebietes digitalisiert.

Tabelle 6.5: Beschreibung der umweltbezogenen Variablen.

Demographische und sozio-ökonomische Variable

Die demographischen und sozio-ökomischen Variablen wurden teilweise nach Hinweisen aus der Literatur zusammengestellt und andererseits aus der persönlichen Kenntnis und den besonderen Bedingungen für die Lebensverhältnisse in Guayaquil aus eigener Erfahrung ausgewählt. Die Verfügbarkeit dieser Daten als Erhebungseinheiten im Zensus waren das Kriterium für die definitive Auswahl für diese Arbeit. Die genaue Quelle der Datenherkunft wurde bereit in Abschnitt 3.2 angegeben.

Variable	Beschreibung
Indianer	Relative Häufigkeit der Personen, die sich selbst als Indianer bezeichnen.
Mestizen	Relative Häufigkeit der Personen, die sich selbst als Mestizen bezeichnen.
Mulatten	Relative Häufigkeit der Personen, die sich selbst als Mulatten bezeichnen.
Afroamerikaner	Relative Häufigkeit der Personen, die sich selbst als Afroamerikaner bezeichnen.
Weiße	Relative Häufigkeit der Personen, die sich selbst als weiß bezeichnen.
Abfallentsorgung	Relative Häufigkeit der Häuser, die über keinen Abfallentsorgungsdienst verfügen.
Wasserleitung	Relative Häufigkeit der Häuser, die keine Wasserleitung haben.
Wasserversorgung	Relative Häufigkeit der Häuser, die über keinen Wasserversorgungsdienst verfügen.
Entwässerung	Relative Häufigkeit der Häuser, die über keinen Entwässerungsdienst verfügen.

Tabelle 6.6: Beschreibung der sozio-ökonomischen Variablen.

Zur Analyse des Zusammenhangs zwischen umweltbezogenen sowie demographischen und sozio-ökonomischen Faktoren und Denguefieber-Auftreten wurden die oben genannten Variablen mit zwei Regressionsanalyse-Methoden untersucht (nicht-räumliches- und räumliches Regressionsmodell). Da die Variablen Wasserversorgung und Wasserleitung hoch miteinander 98% korreliert sind, wurde nur die Variable Wasserleitung in die berechnete Modelle berücksichtigt.

Poisson-Regressionsmodell

Das nicht-räumliche Modell wurde in Form eines *Poisson-Regressionsmodell* betrachtet und mithilfe des generalisierten linearen Modells (GENMOD) des statistischen Programms SAS 9.2 ausgewertet.

Die Güte der Modellanpassung wurde mithilfe des *Likelihood-Ratio-Tests* LR bestimmt. Die Prüfgröße LR wurde wie folgt berechnet

$$LR = -2(l^{red} - l^{voll}). \tag{6.15}$$

LR ist unter der Nullhypothese asymptotisch χ^2-verteilt mit $v - r$ Freiheitsgraden. Dabei stellen v und r die Anzahl der analysierten Variablen im vollen v beziehungsweise reduzierten r Modell dar. Der LR-Test überprüft die Nullhypothese

H_0: Das *reduzierte Modell* mit r Variablen ist "ausreichend gut angepasst" im Vergleich zum umfassenderen *vollen Modell* mit v Variablen,

gegen die Alternativhypothese

H_1: H_0 gilt nicht.

Der p-Wert zur Prüfung der Prüfgröße wird in der Form $p = P(\chi^2_{v-r} > LR|H_0)$ definiert. Für die Poisson Regression gilt für das Bestimmtheitsmaß R^2

$$R^2 = \frac{D(\hat{\alpha}) - D(\vec{\vartheta})}{D(\hat{\alpha})}, \tag{6.16}$$

wobei $D(\hat{\alpha})$ die Devianz des *Null-Modells* ist. Auf diese Art und Weise wird für die Poisson-Regression durch das R^2 ein Maß für die durch das Modell erklärte Varianz definiert (RANFT (2009)).

Die Devianz ist ein Informationskriterium, welches als Maß für die Güte der Anpassung eines Modells an die Daten dient. Sie ergibt sich aus der Likelihood eines statistischen Modells und ist vergleichbar mit der Fehlerquadratsumme der klassischen Regressionsanalyse.

Räumliches Regressionsmodell

Das räumliche Regressionsmodell wurde mithilfe des Geoinformationssystems GeoDa berechnet. Es wurden zwei Modelle geschätzt. In dem ersten Modell wurden alle Variablen berücksichtigt, die als Prädiktoren in Frage kommen. In das zweite Modell wurden dagegen nur die Variablen übernommen, die einen statistisch signifikanten Beitrag zur Erklärung des Modells leisten (p-Wert < 0.05). Beide Modelle wurden mit derselben Methode berechnet.

Hierbei wurde ein gewöhnliches Regressionsmodell (mit unabhängigen Fehlern) genutzt. Dies wendet die *Kleinste-Quadrate-Methode* zur Schätzung der Koeffizienten an. Nachfolgend wurde die räumliche Abhängigkeit der Residuen des abgeschätzten Modells mittels des Morans I-Koeffizienten getestet.

Anschließend wurde der *Multiple Lagrange-Test* (LM) verwendet, um zu bestimmen, ob die räumliche Abhängigkeit des zu untersuchenden Phänomens in der Responsevariablen oder im Fehlerterm modelliert werden soll. Abschließend wurden *Spatial-Lag* und *Spatial-Error* Modelle eingesetzt, um die räumliche Assoziation der Daten zu berücksichtigen. Die Ergebnisse dieses Verfahrens werden im nächsten Kapitel dargestellt.

6.5 Statistische Auswertung und Ergebnisse

Der Zusammenhang zwischen umweltbezogenen sowie sozio-ökonomischen Faktoren und Denguefieber wurde auf der Basis von Volkszählungsbezirken durchgeführt. Hierfür wurden 371 Volkszählungsbezirke erfasst, in denen im Zeitraum 2005 − 2009 4328 Denguefieberfälle gemeldet waren. Da bei einigen Fällen keine genauen Ortsangaben vorlagen, wurden 3974 Denguefieberregistrierungen in der räumlichen Analyse verwendet. Tabelle 6.7 erfasst verschiedene deskriptive Kenngrößen der im Zeitraum 2005 − 2009 wöchentliche gemeldeten Denguefieberfälle in Guayaquil, Ecuador und in Abbildung 6.8 wird die räumliche Entwicklung der Denguefieberfälle über den Studienverlauf dargestellt.

Jahr	Mittelwert	Std. abweichung	Unteres Quartil	Median	Oberes Quartil	Maximum
2005	2,47	3,13	1	2	3	25
2006	2,65	3,67	0	2	4	34
2007	3,83	4,01	1	3	5	34
2008	1,12	1,67	0	1	2	16
2009	0,56	1,05	0	0	1	9

Tabelle 6.7: Statistische Zusammenfassung der im Zeitraum 2005 − 2009 wöchentliche gemeldeten Denguefieberfälle pro Jahr in Guayaquil, Ecuador.

Im Jahr 2007 wurde die höchste Anzahl von Denguefieberfällen gemeldet. Dabei treten neben der hohen Konzentration im nordwestlichen Bereich auch im mittleren Westen und im Süden der Stadt Häufungen auf.

In der vorliegenden Untersuchung werden insgesamt 12 Variable in Betracht gezogen (siehe Tabellen 6.5 und 6.6), die Einfluss auf das Vorkommen von Denguefieber haben könnten. Zur besseren Vorstellung der Verteilung dieser Variablen stellt die Abbildung 6.9 die räumliche Verteilung einiger dieser Variablen als Chloroplethen-Karte dar.

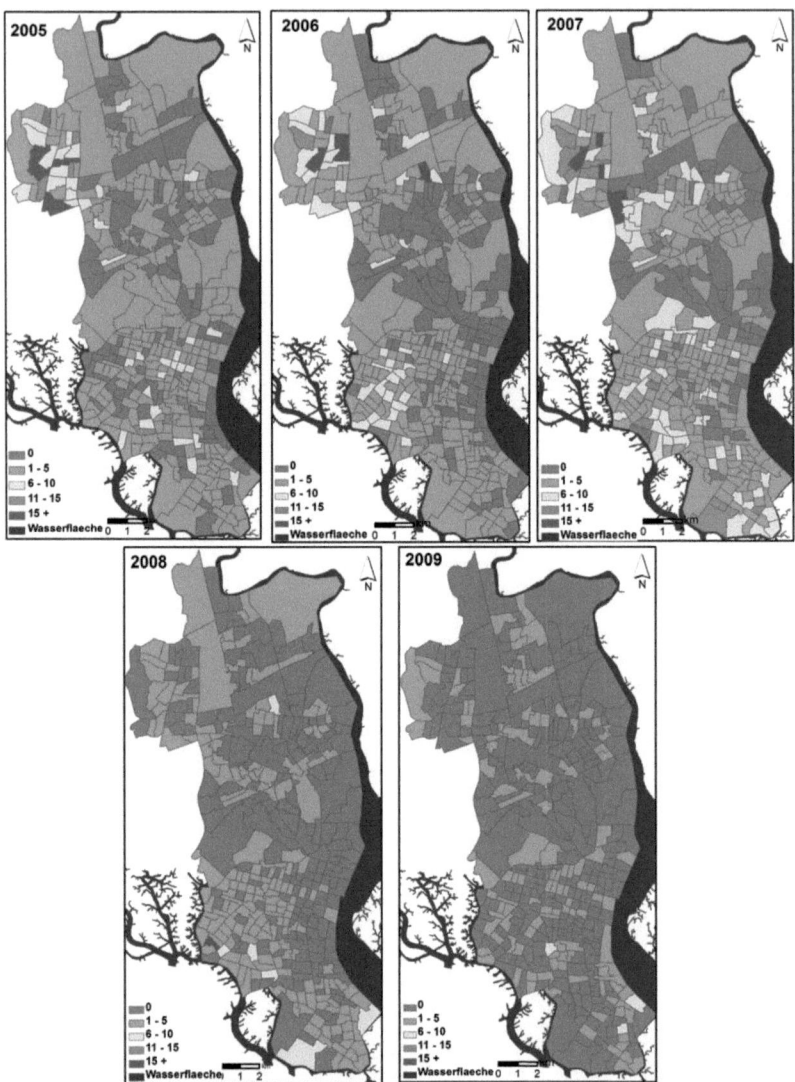

Abbildung 6.8: Anzahl gemeldeter Denguefieberfälle nach Jahr in den Volkszählungsbezirken in Guayaquil. Die Abbildung lässt erkennen, dass die gemeldeten Fälle zwischen 2005 und 2007 überwiegend in den nordwestlichen Stadtteilen aufgetreten sind. Hingegen sind in den Jahren 2008 und 2009 mit reduziertem Auftreten von Denguefieber stärkere Quoten mit einer Ausnahme nur noch auf die südlichen Stadtbereiche konzentriert.

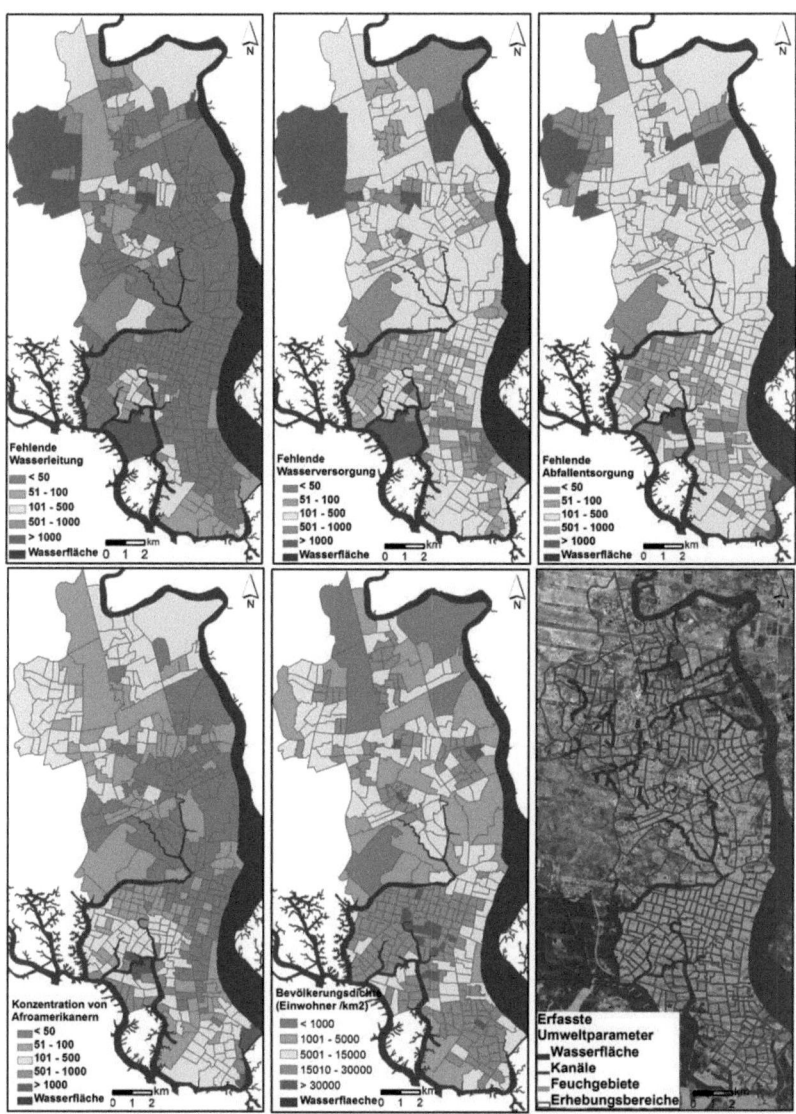

Abbildung 6.9: Räumliche Verteilung von einigen der beobachteten Prädiktoren. Die dargestellte Information stammt aus der Volkszählung die zuletzt im Jahr 2001 in Ecuador durchgeführt wurde.

6.5.1 Risikocharakterisierung

Das räumliche Denguefieber-Risiko wurde innerhalb des Untersuchungsgebietes mittels der *Standardisierten-Inzidenzratio* SIR Methode berechnet. Die Inzidenz beträgt $2,01$ pro 1000 Einwohner bei einer beobachteten Fallzahl von 3974 Erkrankungen und einer Population von 1975379 Einwohnern. Die SIR wurde unter Benutzung der Gleichung 6.1 berechnet.

Tabelle 6.8 fasst die berechneten Inzidenzen SIR, die dazugehörigen Konfidenzintervalle und die p-Werte (für Tests auf $SIR_i = 1$) beispielhaft für einige Volkszählungsbezirke zusammen. Darüber hinaus werden die SIR-Werte in Abbildung 6.10 als Chloroplethen-Karte dargestellt.

A_i	Einwohnerzahl m_i	Fallzahl Beob. y_i	Fallzahl Erw. $\hat{\mu}_i$	SIR	Konfidenzintervalle 95% obere	Konfidenzintervalle 95% untere	p-Wert
1	5688	2	11,52	0,17	0,02	0,63	0,00
2	5368	0	10,88	0,00	0,00	0,34	0,00
3	5169	3	10,47	0,29	0,06	0,84	0,01
4	4991	2	10,11	0,20	0,02	0,71	0,00
5	4104	3	8,32	0,36	0,07	1,05	0,03

Tabelle 6.8: Beispiele der Ergebnisse der SIR von 5 Erhebungsbereichen von Guayaquil.

Aus der Abbildung 6.10 wird ersichtlich, dass eine hohe Inzidenz der Krankheit überwiegend im Westbereich der Stadt auftritt. Die höchste Konzentration der Inzidenz liegt in den nordwestlichen Sektoren der Stadt vor, die von den Armen-Bezirken "Flor de Bastion", "Paraiso de la Flor" und "Fortin" eingenommen werden (siehe Abbildung 3.3).

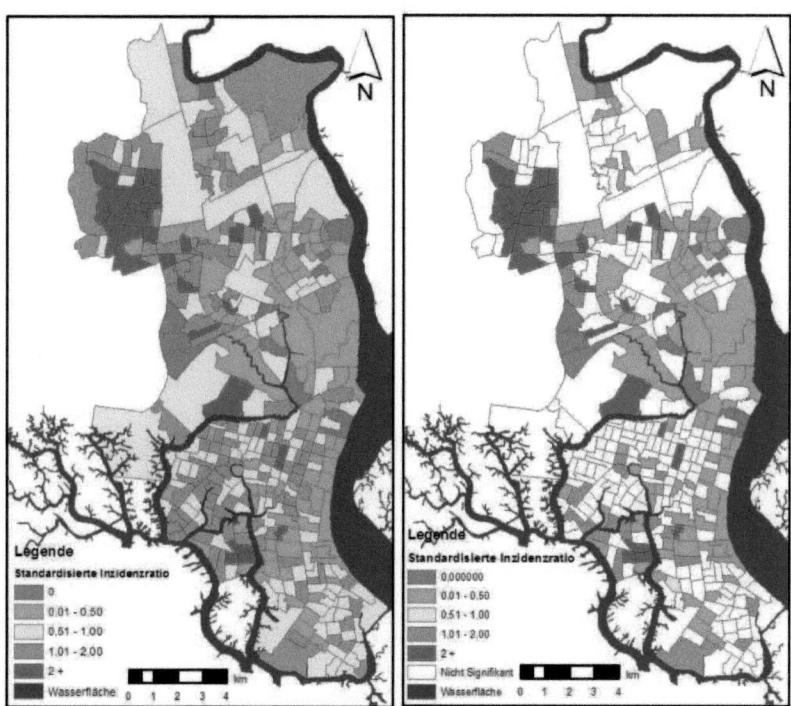

Abbildung 6.10: Standardisierte Inzidenzratio (Links) und Probability-Map (Rechts) der in Zeitraum (2005-2009) in Guayaquil, Ecuador, gemeldeten Denguefieberfälle. In der rechten Abbildung wurden die Bezirke, in denen die SIR nicht signifikant sind (p-Wert $> 0,05$), ohne Farbe dargestellt.

6.5.2 Räumliche Autokorrelation

Die räumliche Korrelation der Denguefieberfälle y_i wurde anhand des Morans I-Koeffizient getestet (siehe Abschnitt 6.2.4). Dabei wurde eine Nachbarschaftmatrix verwendet, bei der Volkszählungsbezirke mit gemeinsamer Grenze als Nachbarn angesehen werden (siehe Abschnitt 6.2.2).

Hierfür wurde die Zielvariable y_i mit deren räumlichen LAG (beobachtete gewichtete Denguefieberfälle der benachbarten Teilregionen) evaluiert. Die Ergebnisse sind in Tabelle 6.9 zusammengefasst.

Jahr	Inzidenz pro 10000 Einwohner	Morans I	$E(I)$	p-Wert
2005	4, 53	0, 29	−0, 001	0, 0001
2006	4, 87	0, 29	−0, 001	0, 0001
2007	6, 98	0, 34	−0, 003	0, 0001
2008	2, 06	0, 22	−0, 003	0, 0001
2009	1, 02	0, 10	−0, 002	0, 0021

Tabelle 6.9: Ergebnisse der räumlichen Autokorrelationsanalyse (Morans I-Koeffizient) von Denguefieberfällen im Zeitraum (2005 − 2009) in Guayaquil, Ecuador.

Es ergibt sich im gesamten Zeitraum (2005 − 2009) ein I-Koeffizient von $I = 0.37$. Daraus lässt sich ableiten, dass das Denguefieber im Untersuchungsgebiet ein Clustering in der Verteilung aufweist, weil der beobachtete I-Koeffizient ($I = 0.37$) größer ist als der Erwartungswert $E(I)$ (siehe Tabelle 6.4).

Darüber hinaus wurde die räumliche Korrelation (Morans I) der beobachteten Fälle pro Jahr berechnet. Die Ergebnisse deuten auf räumliche Korrelation von Denguefieberfällen in jedem der beobachteten Jahre hin (vgl. Tabelle 6.9).

Die statistische Signifikanz der I-Koeffizienten wurde mittels Permutationstest überprüft (siehe Abschnitt 6.2.5). Anschließend wurde der Bestand lokaler Häufungen im Untersuchungsgebiet nachgeprüft, wie im Folgenden dargelegt wird.

6.5.3 Lokale Häufungsanalyse

Die Karte in Abbildung 6.11 beschreibt graphisch die Verteilung der Bezirke, die mittels der Abschätzung der LISA-Koeffizienten als signifikante (p-Wert< 0.05) Häufungen eingeordnet wurden.

Aus der Abbildung 6.11 ist ersichtlich, dass die Häufungen während des Untersuchungszeitraums einem Wandel unterliegen. Die Karte zeigt für das Jahr 2005 deutliche räumliche Denguefieber-Muster in den nordwestlichen (wie zum Beispiel die Stadtviertel "Paraiso de la Flor", "Flor de Bastion", "Valerio Estacio", "Fortin") und in den west-

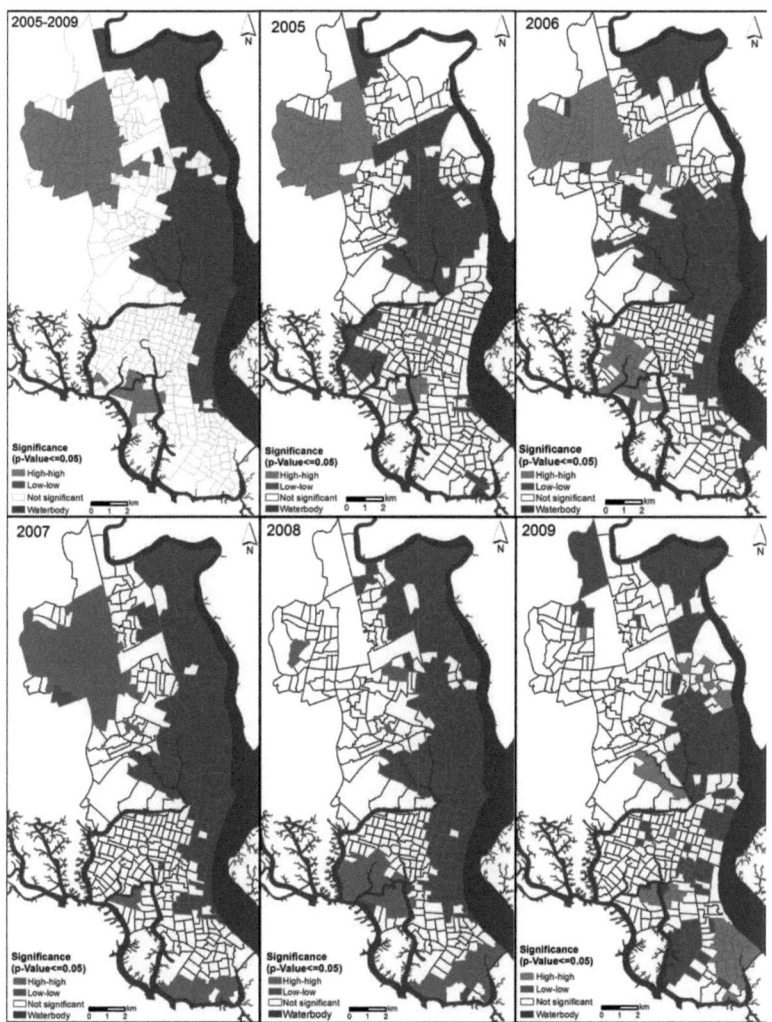

Abbildung 6.11: Ergebnisse der Häufungsanalyse in Guayaquil mithilfe des Lisa-Koeffizienten. Die rot und blau eingefärbten Bezirke weisen auf lokale Häufungen mit hoher Inzidenz (hoch-hoch) beziehungsweise lokale Häufungen mit niedriger Inzidenz (niedrig-niedrig) hin. Bereiche, die ohne Farbe (weiß) gezeichnet wurden, deuten darauf hin, dass es keine signifikanten Häufungen gibt.

lichen mittleren ("Isla trinitaria" und "Malvinas") Bezirken, welche sich im Jahr 2006 in nordöstlicher Richtung bis auf "Juan Montalvo" und im Südzentrum bis auf "Suburbio" ausbreiten (siehe Abbildung 3.3).

Im Jahr 2007 erstrecken sich die Fälle im Nordwesten bis "Gallegos Lara". Zudem brach die Erkrankung in den südlichsten Regionen ("Guasmo Este") aus. Zwischen 2008 und 2009 traten im Vergleich zu den vorherigen Jahren insgesamt weniger Fälle auf. Dabei war der Nordwesten kaum noch betroffen und die Denguefiebervorkommen konzentrierten sich vielmehr in den südlichen Regionen "Suburbio", "Isla Trinitaria", und "Guasmo" (siehe Abbildung 3.3).

Als Fazit lässt sich sagen, dass die Risikogebiete (Hotspots) im Zeitraum (2005 − 2009) überwiegend in den nordwestlichen und westlichen mittleren Bezirken von Guayaquil gefunden wurden.

Anschließend wird die Bedeutung der vorher in den Tabellen 6.5 und 6.6 gezeigten Faktoren und der Grad ihrer Signifikanz für das Auftreten solcher Risikogebiete mittels Regressionsanalyse untersucht.

6.5.4 Regressionsmodelle

Poisson-Regression

Zur Modellierung der im Zeitraum 2005 − 2009 gemeldeten Denguefieberfälle (Zähldaten) wurde das Poisson-Regressionsverfahren angewendet. Hierfür wurde das Generalisierte-Lineare-Modell (GENMOD) benutzt (siehe Abschnitt 6.2.6). Der entsprechende Output dieses Programms ist in Tabelle 6.10 zusammengefasst.

Kriterium	FG	Wert	Wert/FG
Devianz	363	1612	4, 44
Skalierte Devianz	363	363	1, 00
Log-Likelihood		1325	
AIC		705	
BIC		752	

Tabelle 6.10: Kriterien für die Bewertung der Anpassungsgüte der Regressionsmodelle.

Die Informationskriterien (AIC und BIC) zur Analyse der Modellanpassungsgüte weisen die Werte AIC = 705, BIC = 752 auf. Diese Parameter werden mit den Ergebnissen der anderen geschätzten Modelle verglichen, um herauszufinden, welches Modell die Daten besser beschreiben kann. Der Wert der Log-Likelihood beträgt 1325. Dieser Wert wird zur Prüfung der Nullhypothese verwendet. Der Einfluss der beobachteten Variablen im Modell lässt sich aus folgendem Teil des Outputs in Tabelle 6.11 ablesen.

Parameter	Relatives Risiko	Standardfehler	Wald χ^2	p–Wert
Intercept	0,001	2,448	7,53	0,0061
Wasserleitung	1,007	0,001	24,42	$< 0,0001$
Vegetation	0,991	0,003	6,66	0,0098
Weiße	0.946	0,027	4,02	0,0450
Feuchte	1,042	0,021	3,91	0,0479
Mulatten	1,011	0,006	3,77	0,0521
Abfallentsorgung	1.005	0,003	3,49	0,0618
Afroamerikaner	0.966	0,031	1,27	0,2598
Entwässerung	1,000	0,002	0,22	0,6375
Indianer	1.011	0,023	0,14	0,7047
Kanäle	0.953	0,136	0,13	0,7211
Mestizen	1,006	0,025	0,06	0,8036

Tabelle 6.11: Analyse der Maximum-Likelihood-Parameterschätzer mit allen beobachteten Einflussfaktoren (Volles Modell).

Die Ergebnisse weisen darauf hin, dass die Variablen Wasserleitung, Vegetation, Feuchte, Weiße und Mulatten einen statistisch signifikanten Erklärungsbeitrag zu Denguefieber leisten (p-Wert < 0.05) (vgl. Tabelle 6.11).

Anschließend wurden mehrere Modelle mit verschiedenen Variablen-Kombinationen berechnet. Die Variablen, die einen signifikanten Beitrag zur Erklärung von Denguefieber leisten, wurden ausgewählt und in ein reduziertes Modell übertragen. Der entsprechende Output liefert unter anderem folgende Ergebnisse:

Kriterium	FG	Wert	Wert/FG
Devianz	369	1651	4,47
Skalierte Devianz	369	369	1,00
Log-Likelihood		1311	
AIC		697	
BIC		720	

Tabelle 6.12: Kriterien zur Bewertung der Anpassungsgüte des reduzierten Modells.

Der Wert der Log-Likelihood beträgt 1311. Für die Anpassungsgütekriterien ergeben sich die Werte AIC = 697, BIC = 720 (vgl. Tabelle 6.12). Es deutet darauf hin, dass dieses reduzierte Modell im Vergleich zu dem vorherigen vollen Modell die Daten besser beschreibt. Die Ergebnisse der Schätzung des reduzierten Modells lassen sich aus folgendem Teil des Outputs erkennen (siehe Tabelle 6.13).

Parameter	Relatives Risiko	Standardfehler	Wald χ^2	p–Wert
Intercept	0,002	0,171	1229,86	< 0,0001
Wasserleitung	1,007	0,001	38,08	< 0,0001
Weiße	0.977	0,00	11,10	0,0009
Afroamerikaner	0.971	0,0102	8,37	0,0038
Vegetation	0.992	0,003	7,37	0,0066
Entwässerung	1.003	0,001	4,81	0,0282

Tabelle 6.13: Analyse der Maximum-Likelihood-Parameterschätzer des reduzierten Modells (Reduziertes Modell).

Güte der Modellanpassung Die Güte der Modellanpassung wurde mittels des Likelihood-Ratio-Tests LR bestimmt (siehe Abschnitt 6.4.5). Zur Durchführung des LR-Tests wurde außerdem ein Null Modell (das heißt, ein Modell ohne Prädiktoren) berechnet. Die Ergebnisse werden folgendermaßen dargestellt (siehe Tabelle 6.14).

Kriterium	DF	Wert	Wert/DF
Devianz	374	2265	6,06
Skalierte Devianz	374	374	1,00
Log-Likelihood		918	
AIC		609	
BIC		613	

Tabelle 6.14: Kriterien für die Bewertung der Anpassungsgüte des Null-Modells.

Der LR-Test prüft die Nullhypothese

H_0: Das reduzierte Modell mit $r = 6$ Variablen ist "ausreichend gut angepasst" im Vergleich zum umfassenderen Modell mit $v = 12$ Variablen. Hierfür wird die Prüfgröße LR mithilfe der Gleichung 6.15 berechnet.

Auswertung Das Log-Likelihood des reduzierten Modells (l^{red}) beträgt 1311 (vgl. Tabelle 6.12) und das Log-Likelihood des vollen Modells (l^{voll}) 1325 (vgl. Tabelle 6.10), das heißt,

$$LR = -2(1311 - 1325) = 28$$

Die LR beträgt 28. Die LR ist χ^2-verteilt mit $12 - 6 = 6$ Freiheitsgraden. Die Testgröße LR ist größer als das 95%-Quantil der χ^2-Verteilung mit 6 Freiheitsgraden $\chi^2_{6;0,95} = 12,59$. Der Test ist signifikant, das heißt, H_0 wird abgelehnt. Das bedeutet, dass das reduzierte Modell nicht ausreichend gut an die Daten angepasst ist.

Die Güte des Modells wurde mittels des Bestimmtheitsmaßes R^2 mithilfe der Gleichung 6.16 berechnet. Das reduzierte Modell erklärt 27% der Varianz der Daten.

Räumliche Regressionsanalyse

Zur Schätzung des räumlichen Regressionsmodells wurde zuerst ein linear Regressionsmodell mit allen beobachteten Einflussfaktoren berechnet. Die Ergebnisse dieses Verfahrens sind in der Tabelle 6.15 zusammengefasst.

Parameter	Schätzwert	Standardfehler	t−Wert	p−Wert
Intercept	-0,065	0,525	-0,124	0,901
Wasserleitung	0,002	0,0004	5,929	< 0,0001
Vegetation	-0,002	0,001	-2,912	0,004
Mulatten	0,002	0,001	2,028	0,043
Feuchte	0,008	0,005	1,634	0,103
Abfallentsorgung	0,001	0,001	1,613	0,107
Weiße	-0,007	0,005	-1,218	0,224
Afroamerikaner	-0,006	0,007	-0,876	0,381
Indianer	0,003	0,006	0,541	0,589
Mestizen	0,003	0,005	0,497	0,619
Entwässerung	0,0001	0,0003	0,348	0,728
Kanäle	-0,001	0,027	-0,055	0,956

Tabelle 6.15: Statistiken der ermittelten Parameter für das berechnete Regressionsmodell mit allen beobachteten Einflussfaktoren.

Die Ergebnisse deuten darauf hin, dass die Variablen Wasserleitung, Vegetation und Mulatten einen statistisch signifikanten Erklärungsbeitrag zu dem Vorkommen von Denguefieberfällen leisten (p-Wert $< 0,05$). Sie weisen zudem darauf hin, dass je mehr Einwohner keine Wasserleitung zu Hause haben, desto mehr Denguefieberfällen auftreten. Das geschätzte Modell erklärt 27% der Varianz der Daten.

Anschließend wurden alle Variablen, die einen signifikanten Beitrag im ersten Modell leisten, in ein reduziertes Modell eingegliedert und mit verschiedenen Kombinationen von Variablen berechnet. Ziel dieses Vorgangs ist es herauszufinden, welche Kombination sich an die Daten am besten anpasst.

Außerdem wurde der *Lagrange-Test LM* verwendet, um festzustellen, ob die räumliche Abhängigkeit der Daten in der Zielvariable (*Spatial-lag*) oder im Fehlerterm (*Spatial-Error*) berücksichtigt werden soll. In diesem Fall weist der Befund des *Lagrange-Tests* auf statistische Signifikanz in der Responsevariablen (LM(Lag):p-Wert$< 0,0001$) hin. Die Ergebnisse der Schätzung des *Spatial-Lag-Modells* sind in Tabelle 6.16 zusammengefasst.

Die Ergebnisse weisen darauf hin, dass die Variablen Wasserleitung, Vegetation sowie die Anzahl der weißen und afroamerikanischen Einwohner einen statistisch signifikanten Erklärungsbeitrag zum Denguefieber leisten (p-Wert$< 0,05$) (vgl. Tabelle 6.16). Die Signifikanz des räumlichen Parameters Spatial Lag (Gewichtete Denguefieber-Inzidenz

Parameter	Schätzwert	Standardfehler	t−Wert	p−Wert
Spatial Lag	0,363	0,067	5,425	$< 0,0001$
Intercept	0,169	0,027	6,288	$< 0,0001$
Wasserleitung	0,003	0,0003	5,631	$< 0,0001$
Weiße	-0,003	0,001	-2,794	0,005
Afroamerikaner	-0,005	0,002	-2,231	0,025
Vegetation	-0,001	0,001	-2,113	0,034

Tabelle 6.16: Zusammenfassung der Schätzung des Spatial-LAG-Modells. Die Variable *Spatial Lag* stellt die gewichtete Denguefieber-Inzidenz in den benachbarten Bezirken dar.

in den benachbarte Bezirken) bestätigt überdies die Vermutung, dass räumliche Abhängigkeit in den analysierten Daten vorliegt. Das Bestimmtheitsmaß des geschätzten Modells liegt bei 32%.

6.6 Diskussion

In der Literatur wurde die räumliche Abhängigkeit zwischen umweltbezogenen, sozioökonomischen Faktoren und Denguefieber mehrfach behandelt. Die meisten der Untersuchungen umfassen ländliche Bereiche. In den urbanen Gebieten sind die Analysen eher selten.

In der vorliegenden Arbeit wurde der Zusammenhang zwischen der Verteilung von umweltbezogenen, demographischen und sozio-ökomischen Faktoren und der Verbreitung von Denguefieberfällen in Guayaquil für den Zeitraum 2005 − 2009 untersucht. Hierfür wurde die räumliche Verteilung der Krankheit in Bezug auf die Verfügbarkeit öffentlicher Versorgungsdienste, Lebensumstände und ethnischer Eigenschaften der Einwohner nach Volkszählungsbezirken analysiert.

Aus der graphischen Darstellung (siehe Abbildung 6.11) und unter Anwendung räumlich statistischer Verfahren wurden Häufungen mit hoher Fallkonzentration in einigen nordwestlichen und verschiedenen südlichen Bezirken des Untersuchungsbereiches gefunden, welche als Risikogebiete (*hotspots*) gekennzeichnet wurden (siehe Abbildung 6.11). Diese Bezirke sind charakteristisch für niedrige sozio-ökomische Zustände (Armenviertel) mit prekärem Zugang zu öffentlichen Versorgungsdiensten. Ein ähnliches Ergebnis fanden MONDINI & CHIARAVALLOTI (2008), die die räumliche Verteilung von Denguefieberfällen in Brasilien im Zeitraum 1994−2000 untersucht haben. Hierfür wendeten sie Morans I-Koeffizienten an. Ihre Ergebnisse deuten auf eine hohe Konzentration von Denguefieber in Gebieten hin, in denen sich niedrige sozio-ökomische Verhältnisse konzentrieren. Dasselbe Muster beobachten Autoren wie REITER ET AL. (2003) in Nuevo Laredo und Tamaulipas, Mexiko, Laredo, Texas in den Vereinigten Staaten und CAIAFFA ET AL. (2005) in Belo Horizonte, Brasilien und SANTOS & NO-

RONHA (2001) in Rio de Janeiro, Brasilien.

Das Eingreifen des Menschen in natürliche Ökosysteme hat die Ausdehnung des Denguefiebers in Guayaquil gravierend beeinflusst. Der Bau von Häusern in der Nähe von Gewässern hat die Verbreitung der Überträgermücke (*A. aegypti*) auf verschiedene Weise erleichtert. Die Kanäle sind zusammen mit der Vegetation ein idealer Lebensraum für die Mücke (siehe Abbildung 6.12(a)). Ein weiteres Problem besteht in der gebräuchlichen Müllbeseitigung in diesen Gewässern. Dabei sammeln sich zum Beispiel Behälter, Flaschen und Autoreifen an, welche der Mücke stehendes Wasser zur Brut bieten.

Zwischen 2008 und 2009 fand ein Rückgang der Krankheitsfälle in den nordwestlichen Bezirken statt, was sich auf die Sanierungsmaßnahmen, die die Stadtverwaltung in diesen Bezirken ergriffen hat, zurückführen lässt. Abbildung 6.12 dokumentiert die Wohnverhältnisse vor und nach der durchgeführten Verbesserung der Infrastruktur.

Die Ergebnisse der Regressionsanalyse deuten darauf hin, dass die Variablen Wasserleitung, Vegetation und die ethnische Herkunft der Einwohner einen signifikanten Erklärungsbeitrag für Denguefieber leisten.

In diesem Sinne vermuteten FERREIRA & CHIARAVALLOTI (2007) für São José do Rio Preto, Brasilien, dass die Verfügbarkeit von Abwasserentsorgung entscheidend für das Auftreten von Denguefieberfällen ist.

ESPINOZA ET AL. (2003) in Colima, Mexiko und BARTLEY ET AL. (2002) im Süden Vietnams fanden keine Beziehung zwischen sozio-ökonomischen Umständen und Denguefieber, und vertreten die Auffassung, dass das Denguefieber-Risiko in allen sozio-ökomischen Schichten gleich ist.

Abwechslungen von Häufungen mit hohen und niedrigen Konzentrationen von Denguefieber deuten an, dass das räumliche Umfeld eine wichtige Rolle bei der Bestimmung der Übertragung von Denguefieber spielen könnte. Ferreira & Chiaravalloti (2007) beschreiben beispielsweise eine hohe Mücken-Konzentration in illegalen Siedlungen und Bezirken, die an Grenzen zu Sektoren mit prekären sanitären Infrastruktur liegen.

Räumliche Untersuchungsverfahren sollten für die Überwachung von Denguefieber sowie anderer Infektionskrankheiten angewendet werden, um Veränderungen von Risikogebieten über verschiedene Zeiträume zu bestimmen.

Zur Analyse der Merkmale auf Basis einer exakten geographischen Lage der Krankheitsfälle stand in dieser Arbeit die genaue Anschrift der gemeldeten Patienten leider nicht für alle Bezirke der Stadt zur Verfügung. Außerdem gab es in vielen Bezirken keine Straßennamen und die Adressen mussten auf Nummern der Häuserblöcke bezogen werden. Daher war eine räumliche Analyse mit höherer Auflösung nicht möglich. Des-

Abbildung 6.12: Abbildungen (a) und (b) zeigen ein armes Stadtviertel im nordwestlichen Bereich der Stadt im Jahr 2005. Dieser Stadtteil wurde zwischen 2005 und 2007 mittels der räumlichen Analyse als Risikogebiet (hohe Konzentration von Denguefieberfällen) identifiziert. In diesem Gebiet war damals die Infrastruktur mangelhaft. Beispielweise waren die meisten Straßen noch nicht befestigt, was in der Regenzeit vielfältige Konsequenzen und Schäden mit sich brachte. Unter anderem kam es zur Bildung von Pfützen, die eine ideale Brutstätte für die Entwicklung und Fortpflanzung der Überträgermücke (*A. aegypti*) sind. Im Jahr 2008 wurden die Straßen ausgebaut. Bis 2008 waren Teile dieses Sektors mit Verbundstein gepflastert (Abbildung (c)) und andere asphaltiert (Abbildung (d)). Außerdem wurden weitere Verbesserungen in der Infrastruktur vorgenommen (wie zum Beispiel Verlegung von Wasserleitung, Wasserversorgung und Abwasserkanälen). Dies hat höchstwahrscheinlich zur Reduzierung der Krankenfälle in diesem Gebiet zwischen 2008 und 2009 beigetragen.

halb wurde die räumliche Analyse auf einer aggregierten Ebene (Volkszählungsbezirke) durchgeführt, da Zensusdaten nur in dieser Auflösung zur Verfügung stehen.

Um dieses Problem in Zukunft zu beheben, könnten globale Positionsbestimmungssysteme (GPS) zur Erhebung der Fälle verwendet werden, wie CHANSANG & KITTAYAPONG (2007) empfehlen, um eine Genauigkeit von ca. 3 bis 5 m in der Lage für die gemeldeten Denguefieberfälle zu erreichen und ihre Verteilung zu analysieren.

Eine andere gefundene Schwierigkeit beruht darauf, dass die vorliegende Arbeit mit Informationen aus der Volkszählung vom Jahr 2001 durchgeführt werden musste und demzufolge mit einer gewissen Fehlerquote durch veraltete Daten im Verhältnis zur Einwohnerzahl und ihren Eigenschaften für den Untersuchungszeitraum (2005 – 2009) gearbeitet wurde.

Verbesserungen beim methodischen Vorgehen können auch erzielt werden, indem zusätzliche Informationen über Umweltverhältnisse sowie sozio-ökonomische in Form einer Fall-Kontroll-Studie erhoben werden.

Ein zentrales Ergebnis der vorliegenden Arbeit ist die Bestimmung von Risikogebieten, in denen die Präventionsmaßnahmen konzentriert werden sollten und das Eingreifen des öffentlichen Gesundheitsdienstes am dringendsten gebraucht wird.

Die angefertigte Arbeit ist die erste, die zur Untersuchung der räumlichen Verbreitung von Dengue in Guayaquil vorgelegt wird. Überdies ist die Anwendung von GIS und räumlich statistischen Verfahren in Ecuador nicht weit verbreitet. Daher könnten die angewandten Methoden als Referenz zur Untersuchung anderer Krankheiten oder epidemiologischer Phänomene in Ecuador anregen.

Kapitel 7

Fazit

Anhand der durchgeführten Analysen konnten Risikogruppen, Risikoperiode, Risikogebiete und Risikofaktoren ermittelt werden, mit den folgenden Ergebnisse und Schlussfolgerungen:

- Besonders betroffen sind Kinder im Grundschulalter (Altersgruppe fünf bis neun Jahre), welche als Risikogruppe bezeichnet werden kann. Da die Schulzeit in der Regenzeit beginnt, sollte im schulischen und häuslichen Umfeld ein gezieltes Augenmerk auf die Beseitigung von Brutstätten gelegt werden. Damit könnten Denguefieber-Ansteckungen und deren Verbreitung vermieden werden.

- Die Bekämpfungsmaßnahmen sollten innerhalb von fünf Wochen (entspricht Risikoperiode) nach Beginn der Niederschläge einsetzen und während der Regenzeit kontinuierlich beibehalten werden. Da im Falle häufiger kleinerer Regenfälle oder anhaltendem Nieselregen entsprechend der vorgelegten Untersuchungsergebnisse mit weit mehr Denguefieberfällen zu rechnen ist als bei kurzen Starkniederschlägen, sollten besondere Schwerpunkte der Bekämpfungsmaßnahmen in diesen Zeiten gesetzt werden. Dabei sollten natürliche Wasserlachen und künstliche Wasserbehälter besondere Beachtung finden. Damit könnten die Entwicklungsmöglichkeiten der Überträgermücke eingedämmt werden.

- Die Risikogebiete (das heißt die Gebiete mit hoher Fallkonzentration) fallen mit den meisten Armenvierteln der Stadt zusammen. Dies lässt vermuten, dass sich das Erkrankungsrisiko der Bevölkerung durch Verbesserungen der Infrastruktur (Sanierungsmaßnahmen, insbesondere Wasserleitung) verringern ließe. Diese Entwicklung wurde zwischen 2008 und 2009 in nordwestlichen Stadtteilen beobachtet, wo Sanierungsmaßnahmen stattfanden und die Denguefieber-Inzidenz verringert war.

Abwechslungen von Häufungen mit hohen und niedrigen Konzentrationen von Denguefieber im Stadtgebiet deuten an, dass das räumliche Umfeld eine wichtige Rolle bei der Übertragung von Denguefieber spielen könnte.

Räumliche Verfahren können für die Überwachung von Denguefieber sowie andere Infektionskrankheiten angewendet werden, um Risikogebiete zu bestimmen.

In diesem Zusammenhang werden die hier angewandten Methoden als Modell für zukünftige Untersuchungen des Denguefiebers entlang eines Höhengradienten (mit Einbeziehung der Städte Machala, Zaruma und Portovelo) fungieren. Hierfür werden die Denguefieber-Inzidenz und die Ökologie der Überträgermücke (*A. aegypti*) im Bezug auf umweltbezogenen, klimatische und soziodemographische Faktoren analysiert. Zu diesem Zweck wird eine multidisziplinäre Arbeitsgruppe mit Forschern verschiedener Fachbereichen angestellt, um andere Aspekte der Krankheit wie die Ökologie der Mücke zu untersuchen.

Das Ziel dieser gemeinsamen Arbeit ist die Entwicklung und Umsetzung eines Frühwarnsystems, das zur Vorbeugung und Kontrolle des Denguefiebers für die anfälligsten Sektoren der Stadt kurzfristig anwendbar ist und mittelfristig auch auf andere Infektionskrankheiten ausgeweitet werden könnte.

Kapitel 8

Zusammenfassung und Ausblick

In der vorliegenden Arbeit wurden epidemiologische, zeitliche und räumliche statistische Verfahren eingesetzt, um das Auftreten von Denguefieberfällen in Zeitraum 2005 – 2009 bezüglich umweltbezogener, demographischer und sozio-ökonomischer Faktoren in Guayaquil, Ecuador, zu untersuchen. Hierfür wurde ein Geoinformationssystem (GIS) verwendet und eine Geodatenbank mit den gesammelten Daten erzeugt.

Ziele dieser Untersuchungen waren:

- Identifizierung der für Denguefieber anfälligen Bevölkerungsgruppen.

- Analyse der zeitlichen Autokorrelation der gemeldeten Denguefieberfälle sowie die Entwicklung von Vorhersagemodellen.

- Untersuchung möglicher quantitativer Zusammenhänge zwischen Denguefieber Ereignissen und klimatischen Abläufen im Untersuchungsbereich.

- Analyse und Identifizierung von Häufungen der Krankheit im Untersuchungsgebiet.

- Erkennung potenzieller Abhängigkeiten des Auftretens von Denguefieber zwischen Wohnverhältnissen und natürlichem und sozialem Umfeld.

Um die für Denguefieber anfälligen Bevölkerungsgruppen zu identifizieren, wurden Kontingenztafeln erstellt und die standardisierte Inzidenzratio bestimmt. Die Ergebnisse dieses Verfahrens deuten darauf hin, dass kein statistisch signifikanter Unterschied zwischen Frauen und Männern besteht. Kinder im Alter von fünf bis neun Jahren sind im Vergleich zu den anderen Altersgruppen besonders anfällig für Denguefieber.

Zur Analyse der zeitlichen Autokorrelation der gemeldeten Denguefieberfälle sowie zur Entwicklung von Vorhersagemodellen wurde die Box-Jenkins-Methode (ARIMA-Modelle) eingesetzt. Zusätzlich wurde der Einfluss von klimatischen Variablen (Niederschlag, Temperatur, Feuchtigkeit) auf das Vorkommen von Denguefieberfällen untersucht, um Risikoperioden zu identifizieren. Bei dem vorhandenen Grundniveau das für Denguefieber durch die hohe Temperatur und Feuchtigkeit im Untersuchungsgebiet besteht, konnte kein weiterer Zusammenhang für diese Elemente festgestellt werden. Die Denguefieberfälle treten überwiegend in der Regenzeit (siehe Abbildung 5.9) auf. Es wurde aufgedeckt, dass zwischen Niederschlag und Denguefieberfällen eine Verzögerung (*lag*) von fünf Wochen besteht. Zudem wurde als wahrscheinlich erkannt, dass häufige kleinere Regenfälle oder anhaltender Nieselregen weit mehr Denguefieberfälle auslösen als kurze Starkniederschläge. Anhand des abgeleiteten Modells konnte der Ablauf der beobachteten Krankheit für 2009 annähernd vorhergesagt werden.

Anschließend wurde das Vorhandensein von räumlicher Autokorrelation der vorhandenen Krankheit im gesamten Untersuchungsgebiet mittels des Morans I-Koeffizienten untersucht. Zunächst wurde der LISA-Indikator angewendet, um lokale Häufungen zu bestimmen. Darüber hinaus wurden räumliche Regressionsverfahren genutzt, um die Zusammenhänge zwischen umweltbezogenen, demographischen und sozioökonomischen Faktoren und den gefundenen Häufungen aufzudecken. Es wurden Häufungen mit hoher Fallkonzentration in einigen nordwestlichen und verschiedenen südlichen Bezirken des Untersuchungsbereiches gefunden, welche als Risikogebiete (*hotspots*) gekennzeichnet wurden. Diese Bezirke sind sogenannte Armenviertel, die durch niedrige sozio-ökonomische Lebensbedingungen ihrer Bewohner und prekären Zugang zu öffentlichen Versorgungsdiensten charakterisiert sind. Die Ergebnisse der durchgeführten Regressionsanalyse deuten darauf hin, dass Wasserleitung, ethnische Herkunft der Einwohner und Vegetation statistisch signifikante Erklärungsbeiträge für das Vorkommen von Denguefieberfällen leisten.

Die vorliegende Arbeit zeigt am Beispiel der Infektionskrankheit Denguefieber für die größte Stadt Ecuadors, dass zeitliche und räumliche Analyseverfahren nicht nur für die Überwachung (*monitoring*) anwendbar sind. Neben der Bestimmung von Risikogebieten und -perioden können diese Verfahren auch der zielgerichteten Planung von Präventionsmaßnahmen und Interventionsmaßnahmen bei Denguefieber und anderen Infektionskrankheiten dienen.

Zur Verbesserung der Datengrundlage wäre es wünschenswert, eine Fall-Kontroll-Studie durchzuführen, in der persönliche Informationen von infizierten (Fall) und nicht infizierten (Kontroll-) Personen und ihrer Umgebung erhoben werden. Zur Wahl der nicht infizierten Personen sollte eine gemeinsame Eigenschaft mit der infizierten Person (zum Beispiel Alter oder Geschlecht) ausgewählt werden. Dieses Verfahren ermöglicht eine detailliertere Analyse der Krankenfälle, um bisher nicht bekannte Einflussfaktoren aufzudecken.

Da Denguefieber eine meldepflichtige Krankheit ist, könnte der Aufbau einer nationalen Geodatenbank vorgenommen werden, um Ort und weitere Angaben der Krankheitsfälle zu speichern. Diese Datenbank sollte im besten Fall von einer einzigen Institution verwaltet werden, aber zugänglich für die verschiedenen zuständigen Gesundheitsinstitutionen sein, damit eine ständige Meldung der Krankenfällen erfolgt. Damit wird das bisherige Datendefizit weitgehend verringert, in dem die Krankheitsdaten durch unterschiedliche Institutionen isoliert verwaltet werden und bei der Erhebung der Information keine Georeferenzierung durchgeführt wird.

Literaturverzeichnis

ALBERTZ, J. (2009). *Einführung in die Fernerkundung.* Wissenschaftliche Buchgesellschaft, Darmstadt.

AMUNARRIZ, M., RIOS, C., TORRES, C. & SOLIS, M. (2009). Primer brote de dengue en la población de Nuevo Rocafuerte. Aguarico. Orellana. Ecuador. *Boletin Epidemiologico* 6 19–24.

ANSELIN, L. (1995). Local Indicators of Spatial Association-LISA. *Geographical Analysis* 27 93–115.

BADII, M., LANDEROS, J., CERNA, E. & ABREU, J. (2007). Ecología e historia del dengue en las Américas. *Int. J. of Good Conscience* 2 248–273.

BAILEY, T. & GATRELL, A. (1995). *Interactive spatial data analysis.* Longman Scientific & Technical.

BARRERA, R., DELGADO, N., JIMÉNEZ, M., VILLALOBOS, I. & ROMERO, I. (2000). Estratificación de una ciudad hiperendémica en dengue hemorrágico. *Revista Panamamericana de Salud Pública* 8 225–233.

BARTLEY, L., CARABIN, H., VINH CHAU, N., HO, V., LUXEMBURGER, C., HIEN, T., GARNETT, G. & FARRAR, J. (2002). Assessment of the factors associated with flavivirus seroprevalence in a population in southern vietnam. *Epidemiol. Infect.* 128 213–220.

BENDIX, A. & BENDIX, J. (2004). El Niño ist an allem Schuld!? *Berliner Geographische Arbeiten* 97 49–55.

BENDIX, J. & BENDIX, A. (1998). Climatological aspects of the 1991/1993 el Niño in Ecuador. *Bull. Inst. fr. études andines* 27 655–666.

BENDIX, J. & BENDIX, A. (2006). El Niño - ein Dauerbrenner. In R. Glaser & K. Kremb, eds., *Planet Nord- und Südamerika.* Wissenschaftliche Buchgesellschaft, Darmstadt, 176–188.

BESERRA, E., DE CASTRO JR., F., DOS SANTOS, J., SANTOS, T. & FERNANDES, C. (2006). Biologia e exigências térmicas de *Aedes aegypti* (L.) (Diptera: Coliciadae) Provenientes de quatro regiões bioclimáticas da Paraíba. *Neotropical Entomology* 35 853–860.

BILLETER, E. & VLACH, V. (1981). *Zeitreihen-Analyse. Einführung in die praktische Anwendung.* Physica Verlag, Wüzburg, Wien.

BONITA, R., BEAGLEHOLE, R. & KJELLSTRÖM, T. (2008). *Einführung in die Epidemiologie.* Verlag Hans Huber, Bern, 2nd ed.

BROCKWELL, P. & DAVIS, R. (1996). *Time series: Theory and Methods.* Springer, New York, 2nd ed.

CAÑIZARES, R., RAMOS, M. & PONCE, M. (1999). Influencia de las valoraciones familiares y comunitarias en los comportamientos de las mujeres para la prevención del dengue. *Unpublished manuscript.*

CAIAFFA, W., DE MATTOS, M. C., DI LOZENZO, C., DE LIMA, A., GESTEIRA, S. & ET AL. (2005). The urban environment from the health perspective: the Case of Belo Horizonte, Minas Gerais, Brazil. *Cad. Saude Publica* 21 958–967.

CARBAJO, A., SCHWEIGMANN, N., CURTO, S., DE GARÍN, A. & RUBÉN, B. (2001). Dengue transmission risk maps of Argentina. *Tropical Medicine and Int. Health* 6 170–183.

CDC (2005). Dengue and Dengue Hemorrhagic Fever. Tech. rep., CDC. URL `http://www.eoearth.org/article/Dengue_and_Dengue_Hemorrhagic_Fever`.

CHANSANG, C. & KITTAYAPONG, P. (2007). Application of mosquito sampling count and geospatial methods to improve dengue vector surveillance. *Am. J. Trop. Med. Hyg.* 77 897–902.

CLARK, G. & RUBIO-PALIS, Y. (2008). Mosquito vector control and biology in latin américa. *J. of the American Mosquito Control Association* 24 571–582.

COSTERO, A., EDMAN, J., CLARK, G. & ET. AL. (1998). Life table study of *Aedes aegypti* (Diptera: Culicidae) in Puerto Rico fed only human blood versus blood plus sugar. *J. of medical entomology* 35 809–813.

CRESSIE, N. (1993). *Statistics for spatial data.* John Wiley & Sons, INC., New York, revised ed.

DE FREITAS, R., PERES, R., SOUZA-SANTOS, R. & et. al. (2008). Occurrence, productivity and spatial distribution of key premises in two dengue-endemic areas of Rio de Janeiro and their role in adult *Aedes aegypti* spatial infection pattern. *Tropical Medicine and Int. Health* 13 1488–1494.

DE MATTOS, M., CAIAFFA, W. & ASSUNÇÃO AND et. al. (2007). Spatial vulnerability to dengue in a brazilian urban area during a 7-year surveillance. *J. of Urban Health* 84 334–345.

DEPRADINE, C. & LOVELL, E. (2004). Climatological variables and the incidence of dengue fever in Barbados. *Int. J. of Env. Health Research* 14 429–441.

DEROUICH, M., BOUTAYEB, A. & TWIZELL, E. (2003). A model of dengue fever. *BioMedical Engineering* 2 1–10.

DREESMAN, J. (2004). Statistik für raumbezogene Daten. In J. Schweikart & T. Kistemann, eds., *Geoinformationssysteme im Gesundheitswesen. Grundlagen und Anwendungen*. Wichmann-Verlag, Heidelberg, 71–90.

ENGELHARDT, A. (2000). *Probleme, Konzepte und Entwicklungsziele einer nachhaltigen Garnelen-Aquakultur im Küstentiefland von Ecuador*. Ph.D. thesis, Justus-Liebig Universität Gießen.

ESPINOZA, F., HERNANDEZ, C., RENDON, R., CARRILLO, M. & FLORES, J. (2003). Transmisión interepidémica del dengue en la ciudad de Colima, México. *Salud pública de México* 45 365–370.

FANG, L., YAN, L., LIANG, S., DE VLAS, S., FENG, D. & ET AL. (2006). Spatial analysis of hemorrhagic fever with renal syndrome in China. *BMC Infectious Diseases* 6 77–86.

FARIETTA, S. (2003). *Estudio ecológico de la fiebre del dengue y el dengue hemorrágico en el municipio de Girardot-Colombia*. Ph.D. thesis, Universidad Autónoma de Barcelona.

FAVIER, C., DEGALLIER, N., VILARINHOS, T., DE CARVALHO, S., YOSHIZAWA, M. & KNOX, M. (2006). Effects of climate and different management strategies on *A. aegypi* breeding sites: a longitudinal survey in Brasília (DF, Brazil). *Tropical Medicine and Int. Health* 11 1104–1118.

FERREIRA, A. & CHIARAVALLOTI, F. (2007). Infestation of an urban area by *Aedes aegypti* and relation with socioeconomic levels. *Rev. Saúde Pública* 41 915–922.

FOCKS, D. & BARRERA, R. (2007). Dengue transmission dynamics: Assessment and implications for control. In *Report of the Scientific Working Group on Dengue*. World Health Organization, 92–109. URL http://www.who.int/tdr/publications/documents/swg_dengue_2.pdf.

FOCKS, D., DANIELS, E., HAILE, D. & KEESLING, J. (1995). A simulation model of the epidemiology of urban dengue fever: literature analysis, model development, preliminary validation, and samples of simulation results. *Am. J. Trop. Med. Hyg.* 53 489–506.

FOCKS, D., HAILE, D., DANIELS, E. & MOUNT, G. (1993). Dynamic life table model for *Aedes aegypti*(Diptera: Culicidae): Analysis of the literature and model development. *J. of medical entomology* 30 1003–1017.

FOUQUE, F., CARINCI, R., GABORIT, P., ISSALY, J., BICOUT, D. & SABATIER, P. (2006). Aedes aegypti survival and dengue transmission pattern in French Guiana. *J. Vector Ecology* 31 390–399.

FULLER, D., TROYO, A. & BEIER, J. (2009). El Niño Southern Oscillation and vegetation dynamic as predictors of dengue fever cases in Costa Rica. *Environ. Res. Lett.* 4 1–8.

GARCÍA, J. & BOSHELL, J. (2004). Modelos de simulación y predicción del comportamiento del dengue en cuatro ciudades de Colombia, incluyendo el clima como variable modeladora de la enfermedad. *Metereologá Colombiana* 8 53–59.

GATRELL, A., BAILEY, T., DIGGLE, P. & ROWLINGSON, B. (1996). Spatial point pattern analysis and its application in geographical epidemiology. *Transactions of the Institute of British Geographers* 21 256–274.

GATRELL, A. & ELLIOTT, S. (2009). *Geographies of Health, an Introduction*. Wiley-Blackwell, Chichester, 2nd ed.

GETIS, A., MORRISON, A. & GRAY, K. (2003). Characzeristics of the spatial pattern of the dengue vector, *Aedes aegypti*, in Iquitos, Peru. *Am. J. Trop. Med. Hyg.* 69 494–505.

GIANI, G. (2009). *Epidemiologie und Statistik Methoden zur Charakterisierung der Krankheitsdynamik. Vorlesungsskript SS 2009*. Heinrich-Heine Universität, Düsseldorf.

GUBLER, D. (1998). Dengue and Dengue hemorrhagic fever. *Clinical Microbiology* 3 480–496.

GUBLER, D. (2005). The emergence of epidemic dengue fever and dengue hemorrhagic fever in the Americas: a case of failed public health policy. *Revista Panamamericana de Salud Pública* 17 221–224.

GUBLER, D. & CLARK, G. (1995). Dengue/dengue hemorrhagic fever: The emergence of a global health problem. *Emerging Infectious Diseases* 2 55–57.

GUHA-SAPIR, D. & SCHIMMER, B. (2005). Dengue fever: new paradigms for a changing epidemiology. *Emerging Themes in Epidemiology* 2 1–10.

GUZMAN, M. & KOURI, G. (2003). Dengue and dengue hemorrhagic fever in the Americas: lessons and challenges. *J. of Clinical Virology* 27 1–13.

HALSTEAD, S. (2002). Dengue. *Current Opinion in Infectious Diseases* 15 471–476.

HELFENSTEIN, U. (1996). Box-Jenkins modelling in medical reseach. *Statistical Methods in Medical Research* 5 3–22.

HENNINGSEN, S. (2009). Spatial Analysis. In A. Sönke, D. Klapper, U. Konradt, A. Walter & J. Wolf, eds., *Methodik der empirischen Forschung*, chap. 6. 413–432.

HOPP, M. & FOLEY, J. (2003). Worldwide fluctuations in dengue fever cases related to climate variability. *Climate Research* 25 85–94.

HU, W., CLEMENTS, A., WILLIAMS, G. & TONG, S. (2010). Spatial analysis of notified dengue fever infections. *Epidemiol. Infect.* 139 391–399.

HURTADO, M., RIOJAS, H., ROTHENBERG, S. & et. al. (2007). Impact of climate variability on the incidence of dengue in Mexico. *Tropical Medicine and Int. Health* 12 1327–1337.

IZURIETA, R., MACALUSO, M., WATTS, D., TESH, R., GUERRA, B., CRUZ, L., GALWANKAR, S. & VERMUND, S. (2009). Assessing yellow fever risk in the Ecuadorian Amazon. *Publich Health Research* 1 7–13.

JURY, M. (2008). Climate influence of dengue epidemics in Puerto Rico. *Int. J. of Environmental Health Research* 18 323–334.

KOLIVRAS, K. (2006). Mosquito habitat and dengue risk potential in Hawaii: a conceptual framework and GIS application. *The Professional Geographer* 58 139–154.

KOOPMAN, J., PREVOTS, D., VACA, M., GOMEZ, H., ZARATE, M., LONGINI, I. & SEPULVEDA, J. (1991). Determinants and predictors of dengue infection in Mexico. *American J. of Epidemilogy* 133 1168–1178.

KREIENBROCK, L. & SCHACH, S. (2005). *Epidemiologische Methoden*. Elsevier GmbH, München.

KUNO, G. (1995). Review of the factors modulating dengue transmission. *Epidemiologic Review* 17 321–335.

KYLE, J. & HARRIS, E. (2008). Global spread and persistence of dengue. *The Annual Review of Microbiology* 62 71–92.

LAUER, W. (1993). *Klimatologie*. Westermann Schulbuchverlag Braunschweig.

LEE, J. & WONG, D. (2001). *Statistical Analysis with Arcview GIS*. John, Wiley & Sons, New York.

LJUNG, G. & BOX, G. (1978). On a measure of lack of fit in time series models. *Biometrika* 65 297–303.

LUZ, P., MENDES, B. & et. al. (2008). Time series analysis of dengue incidence in Rio de Janeiro, Brazil. *Am. J. Trop. Med. Hyg.* 79 933–939.

MEJÍA, D., MACHUCA, M., PROSPERI, J. & et. al., eds. (2006). *Situación de salud, Ecuador (2006)*. OPS/OMS, INC.

MONATH, T. (1994). Dengue: The risk to developed and developing countries. *Proc National Academy of Sciences of the USA* 91 2395–2400.

MONDINI, A. & CHIARAVALLOTI, F. (2008). Spatial correlation of incidence of dengue with socioeconomic, demographic and environmental variables in a Brazilian city. *Science of the Total Environment* 393 241–248.

MOORE, D. & CARPENTER, T. (1999). Spatial analytical methods and geographic information systems: use in health research and epidemiology. *Epidemiol. Rev.* 21 143–161.

NAKHAPAKORN, K. & JIRAKAJOHNKOOL, S. (2006). Temporal and spatial autocorrelation statistics of dengue fever. *Dengue Bulletin* 30 177–183.

NAKHAPAKORN, K. & TRIPATHI, N. (2005). An information value based analysis of physical and climatic factors affecting dengue fever and dengue haemorrhagic fever incidence. *Int. J. of Health Geographics* 4 1–13.

NAVA, A. (2002). *Procesamiento de series de tiempo.* Fondo de cultura económica, México.

OLIVEIRA, M., GALVÃO, J., COSTA, O., DAVIS, F. & ET. AL. (2010). Two lineages of dengue virus type 2, Brazil. *Emerging Infectious Diseases* 16 576–578.

OPS (2007). Yellow Fever. Tech. rep., Pan American Health Organization.

PANDIT, S. & WU, S.-M. (1983). *Time series and system analysis with applications.* John Wiley & Sons, New York.

PANKRATZ, A. (1983). *Forecasting with univariate Box-Jenkins models. Concepts and Cases.* John Wiley & Sons, Inc, Canada.

PFEIFFER, D., ROBINSON, T., STEVENSON, M., STEVENS, K., ROGERS, D. & CLEMENTS, A. (2008). *Spatial Analysis in Epidemiology.* Oxford, Univerity Press.

PROMPROU, S., JAROENSUTASINEE, M. & JAROENSUTASINEE, K. (2006). Forecasting Dengue Haemorrhagic Fever Cases in Southern Thailand using ARIMA Models. *Dengue Bulletin* 30 99–106.

QUEIROZ, J., DIAS, G., NOBRE, M., DE SOUSA, M., ARAÚJO, S. & BARBOSA, J. (2010). Geographic Information Systems and Applied Spatial Statistics Are Efficient Tools to Study Hansens Disease (Leprosy) and to Determine Areas of Greater Risk of Disease. *Am. J. Trop. Med. Hyg.* 82 306–314.

RANFT, U. (2009). *Epidemiologie und Statistik Regressionsmodelle: Poissonsche Regression. Vorlesungsskript SS 2009.* Heinrich-Heine Universität, Düsseldorf.

REITER, P., LATHROP, S., BUNNING, M., BIGGERSTAFF, B. & ET AL. (2003). Texas lifestyle limits transmission of dengue virus. *Emerging Infectious Diseases* 9 86–89.

RICHARDS, J. & XIUPING, J. (2006). *Remote Sensing Digital Image Analysis. An Introduction.* Springer, Berlin, 4th ed.

ROTELA, C., FOUQUE, F., LAMFRI, M., SABATIER, P., INTROINI, V., ZAIDENBERG, M. & SCAVUZZO, C. (2007). Space-Time analysis of the dengue spreading dynamics in the 2004 Tartagal outbreak, Northern Argentina. *Acta Tropica* 103 1–13.

SANTOS, S. & NORONHA, C. (2001). Mortality spatial patterns and socioeconomic differences in the city of Rio de Janeiro. *Cad. Saúde Pública* 17 1099–1110.

SCHLITTGEN, R. (2001). *Angewandte Zeitreihenanalyse.* Oldenbourg Verlag, München.

SCHLITTGEN, R. & STREITBERG, B. (1987). *Zeitreihenanalyse.* Oldenbourg Verlag, München.

SELVIN, S. (1996). *Statistical Analysis of Epidemiologic Data.* Oxford University Press, New York.

SEMMLER-BUSCH, U. (2009). *Zeitreihenanalyse.* Universität Hohenheim, FG Bioinformatik.

SHEWHART, W. & WILKS, S. (2004). *Applied spatial statistics for public health data.* Wiley series in probability and statistics. John Wiley & Sons, New York.

SIEGENTHALER, W., KAUFMANN, W., HORNBOSTEL, H. & H., W. (1987). *Lehrbuch der inneren Medizin.* Georg Thieme Verlag, Stuttgart, 3rd ed.

SILAWAN, T., SINGHASIVANON, P., KAEWKUNGWAL, J. & et. al. (2008). Temporal patterns and forecast of dengue infection in northeastern Thailand. *Southeast Asian J. Trop. Med. Public* 39 90–98.

STIER, W. (2001). *Methoden der Zeitreihenanalyse.* Springer Verlag, Berlin.

TEJERINA, E., ALMEIDA, F. & ALMIRÓN, W. (2009). Bionomics of *Aedes aegypti* subpopulations (Diptera: Culicidae) from Misiones Province, northeastern Argentina. *Acta Tropica* 109 45–49.

TOBLER, W. (1969). A computer movie simulating urban growth in the Detroit region. The International Geographical Union, Commission on Quantitative Methods, Ann Arbor, Michigan.

TOLLE, M. (2009). Mosquito-borne Diseases. *Curr. Probl Pediatr Adolesc Health Care* 39 97–140.

TROYO, A., CALDERÓN, O., FULLER, D. & et. al. (2008). Seasonal profiles of *Aedes aegypti* (Diptera: Culicidae) larval habitats in an urban area of Costa Rica with a history of mosquito control. *J. Vector Ecol* 33 76–88.

WALLER, L. & GOTWAY, C. (2004). *Applied Spatial Statistics for Public Health Data.* John, Wiley & Sons.

WARD, M. & SKEDE, K. (2008). *Spatial Regression Models.* SAGE Publications, Inc.

WEISCHET, W. (1996). *Regionale Klimatologie. Teil 1: Die Neue Welt: Amerika, Neuseeland, Australien.* Teubner Verlag, Sttutgart.

WELLMER, H. (1983). *Dengue haemorrhagic fever in Thailand: Geomedical observations on developments over the period 1970-1979.* Springer, Berlin.

WEN, T., LIN, N., LIN, C., KING, C. & SU, M. (2006). Spatial mapping of temporal risk characteristics to improve environmental health risk identification: A case study of a dengue epidemic in Taiwan. *Science of the Total Environment* 367 631–640.

WONGKOON, S., POLLAR, M. & JAROENSUTASINEE, M. (2007). Predicting DHF incidence in Northern Thailand using time series analysis technique. *Proceedings of World Academy of Science, Engineering and Technology* 26 216–220.

WU, P.-C., GUO, H.-R., LUNG, S.-C. & et. al. (2007). Weather as an effective predictor for occurrence of dengue fever in Taiwan. *Acta Tropica* 103 50–57.

WU, P.-C., LAY, J.-G., GUO, H.-R. & et. al. (2009). Higher temperature and urbanization affect the spatial patterns of dengue fever transmission in subtropical Taiwan. *Science of the total environment* 407 2224–2233.

YAFFEE, R. & MCGEE, M. (2000). *Introduction to time series analysis and forecasting, With Applications of SAS and SPSS.* Academic Press, Inc., Orlando.

YESHIWONDIM, A., GOPAL, S., HAILEMARIAM, A., DENGELA, D. & PATEL, H. (2009). Spatial analysis of malaria incidence at the village level in areas with unstable transmission in Ethiopia. *Int. J. of Health Geographics* 8 1–11.

i want morebooks!

Buy your books fast and straightforward online - at one of world's fastest growing online book stores! Environmentally sound due to Print-on-Demand technologies.

Buy your books online at

www.get-morebooks.com

Kaufen Sie Ihre Bücher schnell und unkompliziert online – auf einer der am schnellsten wachsenden Buchhandelsplattformen weltweit! Dank Print-On-Demand umwelt- und ressourcenschonend produziert.

Bücher schneller online kaufen

www.morebooks.de

VDM Verlagsservicegesellschaft mbH
Heinrich-Böcking-Str. 6-8
D - 66121 Saarbrücken

Telefon: +49 681 3720 174
Telefax: +49 681 3720 1749

info@vdm-vsg.de
www.vdm-vsg.de

Printed by Books on Demand GmbH, Norderstedt / Germany